Un manuel de fabrication de chaussures et de produits en cuir et en caoutchouc

William H. Dooley

Writat

Cette édition parue en 2024

ISBN : 9789359942506

Publié par
Writat
email : info@writat.com

Contenu

PRÉFACE

En 1908, la Commission Lynn sur l'enseignement industriel a demandé à l'auteur de mener une enquête sur les écoles de chaussures européennes et d'aider la Commission à préparer un programme d'études pour l'école de chaussures proposée dans la ville de Lynn. Une enquête approfondie a montré qu'il existait plusieurs manuels sur la cordonnerie publiés en Europe, mais qu'aucun manuel général sur la cordonnerie n'avait été publié dans ce pays, adapté aux besoins des écoles industrielles, commerciales et commerciales ou de ceux qui viennent d'entrer dans le caoutchouc. métiers de la chaussure et du cuir. Ce livre est écrit pour répondre à ce besoin. D'autres pourraient y trouver un intérêt.

L'auteur est tenu envers les personnes et entreprises suivantes d'informations et d'assistance dans la préparation du livre, et [vi] d'autorisation de reproduire des photographies et des informations provenant de leurs publications : M. JH Finn, M. Frank L. West, responsable de la fabrication de chaussures. Department, Tuskegee, Alabama, M. Louis Fleming, M. F. Garrison, président de *Shoe and Leather Gazette* , M. Arthur L. Evans, *The Shoeman* , M. Charles F. Cahill, United Shoe Machinery Company, Hood Rubber Company , Bliss Shoe Company, American Hide and Leather Company, Regal Shoe Company, les éditeurs de *Hide and Leather* , *American Shoemaking* , *Shoe Repairing* , *Boot and Shoe Recorder* , *The Weekly Bulletin* et la New York Leather Belting Company.

En outre, l'auteur désire reconnaître sa dette envers la vaste littérature étrangère sur les différents sujets à partir desquels des informations ont été obtenues.

CHAUSSURE

CHAPITRE UN
TERMES FONDAMENTAUX DE LA CHAUSSURE

Avant d'expliquer la fabrication des chaussures, il est nécessaire de fixer définitivement dans notre esprit les noms de leurs différentes parties. Examinez vos chaussures et notez les pièces décrites ici.

Le bas de la chaussure s'appelle la semelle. La partie située au-dessus de la semelle est appelée la partie supérieure. Le dessus de la chaussure est la partie mesurée par le laçage qui recouvre la cheville et le cou-de-pied. L'empeigne est la section qui couvre les côtés du pied et les orteils. La tige est la partie de la semelle de la chaussure située entre le talon et la balle. Ce nom est souvent appliqué à un morceau de métal ou à une autre substance dans cette partie de la semelle, destiné à soutenir la voûte plantaire. La gorge de l'empeigne est la partie qui s'incurve autour du bord inférieur du haut, là où commence le laçage.

Backstay est un terme utilisé pour désigner une bande de cuir recouvrant et renforçant la couture arrière de la chaussure. Quarter est un terme principalement utilisé dans les chaussures basses pour désigner la partie arrière de la tige lorsqu'une empeigne complète n'est pas utilisée. La braguette boutonnée est la partie de la tige contenant les boutonnières d'une chaussure à boutons. La pointe est le bout d'une chaussure, cousu à l'empeigne et à l'extérieur de celle-ci. Le support de lacet est un terme utilisé pour désigner une bande de cuir renforçant les trous des œillets. La langue désigne une étroite bande de cuir utilisée sur toutes les chaussures à lacets pour protéger le cou-de-pied du laçage et des intempéries.

Noms des différentes parties des chaussures. *Page 2.*

Foxing est le nom appliqué au cuir de la tige qui s'étend de la semelle jusqu'aux lacets à l'avant et jusqu'à environ la hauteur du contrefort à l'arrière, soit la longueur de la tige. Il peut être en un ou plusieurs morceaux et est souvent coupé jusqu'à la tige sous forme circulaire. S'il est en deux morceaux, la partie recouvrant le comptoir s'appelle un renard à talon. La superposition est un terme appliqué au cuir fixé sur la partie supérieure de l'empeigne d'une pantoufle. La poitrine du talon est la partie interne du talon, c'est-à-dire la section la plus proche de la tige.

CHAPITRE DEUX
PEAU ET LEUR TRAITEMENT

Si nous examinons nos chaussures, nous constaterons que les différentes parties sont composées d'un matériau appelé cuir. Le bas de la chaussure est en cuir dur, tandis que la partie au-dessus de la semelle est en cuir plus souple et plus souple. Ce cuir n'est rien d'autre que des peaux de différents animaux traitées de manière à en retirer la graisse et les poils.

Une fois que les peaux ont été retirées du cadavre de l'animal, elles sont très fortement salées pour les empêcher de se gâter. Dans cet état salé, ils sont expédiés aux tanneries.

Le processus ou la série de processus par lesquels les cuirs et peaux d'animaux sont transformés en cuir est appelé tannage. Le processus peut être divisé en trois groupes de sous-processus comme suit : -

le procédé Beamhouse, qui enlève les poils des peaux et les prépare au processus proprement dit de tannage ou de transformation en cuir ; le tannage, qui transforme la peau brute en cuir ; et le finissage, qui implique un certain nombre d'opérations dont le but est de donner au cuir la couleur qui peut être désirée et également de lui donner une épaisseur uniforme, et de lui conférer la douceur et la finition requises pour un usage particulier .

Les peaux sont divisées grossièrement en tannerie, selon leur taille, en trois classes générales :

(1) Cuirs et peaux d'animaux adultes, comme les vaches, les bœufs, les chevaux, les buffles, les morses, etc. Il s'agit de cuirs épais et lourds, utilisés pour les semelles de chaussures, les courroies de grosses machines, les malles, etc., où la rigidité, la résistance, et les qualités de port sont souhaitées. Les peaux non tannées pèsent entre vingt-cinq et soixante livres.

(2) Kips, peaux d'animaux de petite taille du groupe ci-dessus, pesant entre quinze et vingt-cinq livres.

(3) Les peaux de petits animaux, comme les veaux, les moutons, les chèvres, les chiens, etc. Ce dernier groupe donne un cuir léger, mais solide et souple, qui peut être utilisé pour un grand nombre d'usages, comme les chaussures pour hommes et les plus lourds. qualités de chaussures pour femmes.

Les cuirs, kipps et peaux sont divisés en différentes qualités, selon leur poids, leur taille, leur état et leur qualité.

La qualité des peaux dépend non seulement de l'espèce animale, mais aussi de son fourrage et de son mode de vie. Les peaux des bovins sauvages donnent un cuir plus compact et plus résistant que celles de nos bêtes domestiques. Parmi ces derniers, les bovins nourris à l'étable ont de meilleures peaux que les bovins nourris en prairie ou au pâturage. L'épaisseur de la peau varie considérablement selon les animaux et selon les parties du corps, la partie la plus épaisse du taureau se trouvant près de la tête et au milieu du dos, tandis qu'au niveau du ventre la peau est la plus fine. Ces différences sont moins visibles chez les moutons, les chèvres et les veaux. En ce qui concerne les moutons, il semblerait que leur peau soit généralement la plus fine là où leur laine est la plus longue.

À l'état brut, non tanné et avec les poils encore en place, les peaux sont qualifiées de « vertes » ou « fraîches ». Les peaux fraîches ou vertes sont fournies aux tanneurs par les emballeurs ou les bouchers, ou sont importées, soit sèches, soit salées.

Les peaux sont obtenues soit auprès des usines de conditionnement régulières, soit auprès d'agriculteurs qui tuent leur propre bétail et n'écorchent pas l'animal de manière aussi scientifique que les usines de conditionnement régulières, auquel cas elles sont appelées peaux de campagne. Il existe différentes qualités de cuirs et de cuirs, et ces différentes qualités sont divisées dans le monde commercial en cinq qualités suivantes : -

I. PEAU INDIGÈNE

- Bouvillons indigènes
- Vaches indigènes, lourdes
- Vaches indigènes, légères
- Vaches de marque
- Mégots
- Bouvillons du Colorado
- Texas Steers, lourds
- Texas Steers, légers
- Texas Steers, ex-léger
- Taureaux indigènes
- Taureaux de marque

II. MASQUES DE PAYS

- Les amateurs de l'Ohio

- Ohio Ex.

- Sudistes

III. Peaux sèches

(Surélevé sur plaine. Côté rugueux adapté aux semelles.)

- Buenos-Ayres

IV. CUIR DE VEAU

(Vert salé)

- Ville de Chicago

V. CUIR VEAU VILLE DE PARIS

- Lumière

- Moyen

- Lourd

Les peaux obtenues à partir de bœufs élevés dans les fermes occidentales sont connues sous le nom de peaux de bœuf indigènes.

La peau de vache indigène (lourde) est une peau pesant de cinquante-cinq à soixante-cinq livres, obtenue à partir de vaches.

Le cuir de vache indigène (léger) est un cuir de vache pesant moins de cinquante-cinq livres.

Le cuir de vache de marque est une peau obtenue à partir de vaches marquées sur la face de la peau.

Les mégots sont un terme appliqué à la partie de la peau restant après avoir coupé la tête, les épaules et la bande du ventre.

La peau du bœuf du Colorado provient des bœufs du Colorado, qui sont très légers.

La peau de bœuf du Texas est disponible en trois qualités : lourde, légère et extra légère. Le grade lourd est très lourd car l'animal est autorisé à paître en plaine. C'est la raison pour laquelle il est plus lourd que la peau de bœuf du Colorado, qui est élevée à la ferme.

La peau de taureau est divisée en deux classes, la peau ordinaire et la peau de marque. La qualité de marque coûte généralement un cent la livre de moins que la qualité ordinaire.

Les peaux de campagne sont de trois qualités : Ohio Buffs, Ohio Ex. et Southern. Les Ohio Buffs pèsent entre quarante et soixante livres. L'Ex de l'Ohio. pèse de vingt à quarante livres. Les peaux du sud présentent des taches sans poils ni autres imperfections, dues aux piqûres d'insectes. Cela rend la peau du Sud inférieure aux peaux de l'Ohio, de l'Indiana, du Michigan et de Chicago qui ne présentent pas de tels défauts. Les peaux Ohio Butt sont les meilleures, car dans l'Ohio, elles tuent un grand nombre de jeunes veaux, tandis qu'à Chicago, les jeunes vaches (qui ont vêlé) sont tuées, ce qui rend la peau flanquante .

La saison de l'année au cours de laquelle les bovins sont abattus a une influence considérable sur le poids et l'état de la peau. Pendant les mois d'hiver, en raison du poil plus long et plus épais, la peau est plus lourde, allant de soixante-quinze à quatre-vingts livres, et son poids diminue progressivement à mesure que la saison devient plus chaude et que le pelage tombe, jusqu'en juin et juillet. il pèse de soixante-dix à cinquante-cinq livres, les cheveux étant alors fins et courts. Les meilleures peaux de l'année sont les peaux d'octobre, et les peaux à poils courts sont meilleures pour le cuir que celles à poils longs.

Une peau épaisse destinée à être utilisée pour le cuir supérieur est découpée en côtés avant la fin du processus de tannage. Ceci est effectué en le faisant passer entre des rouleaux où il entre en contact avec un tranchant de couteau tranchant, qui le divise en deux feuilles ou plus. Il faut apporter un grand soin à la coupe du cuir afin d'avoir de bonnes « fentes » (feuilles de cuir). Une fente d'une peau épaisse n'est pas aussi bonne qu'un cuir entier plus léger.

Les crosses et les dos sont sélectionnés parmi les peaux de bœuf les plus robustes et les plus lourdes . La crosse est formée en coupant la tête, l'épaule et la bande du ventre. La crosse ou le dos de la peau de bœuf forme le cuir le plus solide et le plus lourd, comme celui utilisé pour les semelles des bottes, les harnais, etc.

Cuir de veau vert salé. *Page 12.*

Les cuirs et peaux sont reçus à la tannerie dans l'une des trois conditions suivantes, à savoir. salé vert, sec ou salé à sec. Très peu de peaux sont reçues par les tanneurs à l'état frais ou non salées, le sel étant nécessaire pour les préserver de la pourriture. Les peaux salées vertes sont celles qui ont été salées à l'état frais, liées en paquets et expédiées au tanneur. Les peaux sèches sont celles qui ont été extraites de la carcasse et séchées sans être salées ; ceux-ci sont généralement rigides et durs. Les peaux salées à sec sont des peaux qui ont été fortement salées alors qu'elles étaient fraîches, puis séchées. Les cuirs et peaux qui proviennent des abattoirs de ce pays sont presque invariablement salés au vert ; ceux des pays étrangers sont salés verts, secs et salés à sec.

Peu importe dans quel état les peaux sont reçues ou le type de cuir dans lequel elles doivent être tannées ; ils doivent tous être trempés dans l'eau avant toute tentative d'épilation ou de bronzage. Le but du processus de trempage, comme on l'appelle, est de ramollir complètement les peaux et d'en éliminer tout sel, saleté, sang, etc. Les peaux ordinaires sont généralement trempées de vingt-quatre à quarante-huit heures. Les peaux sèches nécessitent beaucoup plus de temps. L'eau doit être changée une ou deux fois au cours du processus, car l'eau sale peut endommager les peaux. L'eau douce est préférable à l'eau dure pour ce processus. Lorsque l'eau est dure, il est d'usage que le tanneur y ajoute une quantité de borax pour augmenter son pouvoir nettoyant et accélérer le ramollissement des peaux.

Lorsque les peaux sèches sont devenues suffisamment molles pour se plier sans se fissurer, elles sont mises dans une machine, battues et roulées, puis trempées à nouveau jusqu'à ce qu'elles soient souples et souples. Il est très important que tout le sel et la saleté soient éliminés pendant le processus de trempage, car ils nuisent à la qualité du cuir s'ils ne sont pas enlevés avant que les peaux ne soient épilées. Une fois le processus de trempage terminé, les morceaux de graisse et de chair éventuellement laissés par le boucher sont retirés à la main ou à la machine, et les peaux sont alors en état d'être transmises au processus suivant. Les parties qui ne peuvent pas être transformées en cuir, comme les queues, les trayons, etc., sont coupées avant que les peaux ne soient trempées. Les grandes peaux sont coupées en deux morceaux ou moitiés, appelés « côtés », après avoir été trempées.

Pour enlever les poils des cuirs et des peaux, on utilise de la chaux, du sulfure de sodium et de l'arsenic rouge. La chaux est parfois utilisée seule, mais généralement l'un des deux autres produits chimiques y est mélangé. La chaux est dissoute dans l'eau chaude, on y ajoute une quantité soit de sulfure de sodium, soit d'arsenic rouge, et la solution est ensuite mélangée avec de l'eau dans une cuve, les peaux étant immergées dans cette liqueur jusqu'à ce que les poils puissent être facilement enlevés. L'action de la liqueur d'épilage est de gonfler les peaux, puis de dissoudre la partie périssable de l'animal et de dénouer les poils afin de pouvoir les frotter ou les arracher.

Il existe plusieurs procédés différents pour épiler les peaux. Chaque tanneur utilise le procédé qui va contribuer à donner au cuir les qualités qu'il doit avoir, comme la douceur et la souplesse pour le cuir des chaussures et des gants, ou la fermeté et la solidité pour le cuir des semelles et des ceintures. C'est l'un des processus les plus importants dans la série des processus de tannage, et si les peaux ne sont pas correctement épilées et ne sont pas préparées pour le tannage comme elles devraient l'être, le cuir ne sera pas parfait une fois tanné et fini.

Il existe également un processus d'épilage, appelé « sudation », qui adoucit la peau et détache les poils afin qu'ils puissent être grattés. Dans ce processus, les peaux commencent à se décomposer avant que les poils ne soient dénoués ; c'est donc un procédé dangereux à utiliser et doit être soigneusement surveillé sinon les peaux seront entièrement abimées. La transpiration n'est jamais utilisée pour les types de cuir les plus fins et les plus doux. Il est appliqué principalement sur les peaux sèches pour les cuirs de semelles, de dentelles et de ceintures. Il s'agit d'un procédé démodé qui n'est plus autant utilisé aujourd'hui qu'il y a quelques années.

Les peaux de moutons sont salées aux abattoirs puis expédiées à la tannerie. Ici, ils sont jetés dans l'eau et laissés tremper pendant vingt-quatre heures pour détacher la saleté et dissoudre le sel. Les peaux passent ensuite dans des machines qui nettoient la laine et toutes les particules de chair restant du côté intérieur ou chair sont éliminées. Les peaux sont alors en état de retirer la laine. Tant qu'une peau de mouton est recouverte de laine, elle est appelée une peau ; dès que la laine est enlevée, on parle de peau ou de « latte ».

Chaque peau est étalée doucement sur une table avec la laine vers le bas et le côté intérieur ou chair vers le haut. Un mélange de chaux et de sulfure de sodium est ensuite appliqué uniformément sur la peau à l'aide d'un pinceau. La peau est ensuite pliée et placée en pile avec d'autres. La solution appliquée pénètre dans la peau et détache la laine qui, au bout de vingt-quatre heures environ, peut être facilement arrachée avec les mains ou frottée avec un instrument ou un bâton émoussé. L'ouvrier doit faire attention à ne pas répandre de solution sur la laine, car cela la dissoudrait et la rendrait sans valeur. La laine étant précieuse, la solution doit être appliquée très soigneusement sur le côté chair afin qu'elle ne provoque pas de blessures. La laine retirée des peaux est appelée « laine tirée ».

La latte est maintenant prête à être chaulée, lavée, marinée et tannée. Les peaux lourdes sont souvent divisées en deux feuilles après avoir été chaulées. La partie du côté laine est appelée un skiver, et celle du côté chair est appelée un écharneur.

Après que les peaux ont été chaulées, elles sont battues et lavées, ce qui les rend douces, propres et blanches ; ils sont ensuite mis dans une solution de sel, d'acide sulfurique et d'eau, appelée « cornichon », et après quelques heures, ils sont retirés, égouttés et tannés.

De grandes quantités de peaux de mouton sont vendues aux tanneurs à l'état mariné par ceux qui ont pour activité de préparer ces peaux et de vendre la laine. Les peaux marinées peuvent être conservées indéfiniment sans se gâter ; ils peuvent également être séchés et transformés en un cuir blanc bon marché sans aucun autre tannage. Toutefois, la plupart de ces peaux sont vendues à des tanneurs qui les tannent pour en faire du cuir. Les peaux de mouton contiennent une quantité considérable de graisse qui doit être éliminée avant que le cuir puisse être vendu.

Pour certains procédés de tannage, les peaux de veau, de chèvre et de bovin sont également marinées de la même manière que les peaux de mouton ; pour d'autres procédés, ils ne sont pas marinés, mais sont soigneusement battus ou déclamés, lavés et nettoyés. Les peaux lourdes sont parfois fendues de la chaux ; le plus souvent, cependant, ils ne sont fendus qu'après avoir été tannés.

Pour capituler, les processus préparatoires peuvent être brièvement décrits comme suit :

Le trempage, qui dissout le sel, enlève la saleté et rend les peaux douces et relativement propres.

Le chaulage et l'épilage, qui gonflent les peaux et dissolvent la partie animale périssable, détachent les poils et mettent les peaux en bon état pour le tannage. Les peaux tannées sans chaulage, même si les poils sont enlevés par un produit chimique, ne produisent pas de cuir souple, mais sont rigides et durs.

Bating, qui enlève la chaux des peaux.

Le décapage, qui facilite le tannage ultérieur et empêche les cuirs et les peaux de se détériorer s'ils ne sont pas tannés immédiatement.

Les morceaux de graisse et de chair qui peuvent se trouver sur les peaux sont enlevés à l'aide de machines ou en plaçant la peau sur une poutre et en la grattant avec un couteau. Les poils, lorsqu'ils sont détachés par la chaux, sont enlevés à la machine ou à la main.

CHAPITRE TROIS
PROCÉDÉS DE TANNAGE

Les différents procédés de tannage peuvent être grossièrement divisés en deux classes : la chimie végétale et la chimie minérale. Dans les tanneries, la première classe est souvent appelée simplement « légume », tandis que la seconde est appelée procédé « chimique ». Dans les procédés végétaux, le tannage est réalisé par le tanin, que l'on trouve dans diverses écorces et bois d'arbres et feuilles de plantes. Dans les procédés dits chimiques, le tannage se fait avec des sels minéraux et des acides qui produisent un type de cuir totalement différent de celui obtenu par le tannage végétal.

Il existe également une méthode de tannage, ou plus exactement de tawing, dans laquelle on utilise de l'alun et du sel. Ce processus produit du cuir blanc qui est utilisé à de nombreuses fins ; il est également coloré et utilisé dans la fabrication de gants fins. Le cuir est également fabriqué en tannant les peaux avec de l'huile. Les peaux de chamois sont fabriquées de cette manière.

Les matériaux utilisés pour tanner les cuirs et les peaux agissent sur les fibres de la peau de telle manière que les peaux sont rendues résistantes à la pourriture et deviennent souples et solides. Il existe de nombreux bronzages végétaux ; ils sont utilisés pour le cuir de semelle, le cuir supérieur et le cuir coloré à de nombreuses fins. L'écorce des pruches est l'un des principaux tans. Les bois et les écorces de chênes, de châtaigniers et de quebrachos sont souvent utilisés. Les racines du palmier nain donnent un bon bronzage. De grandes quantités de cuir sont traitées avec du gambier et divers autres matériaux de tannage provenant de pays étrangers. Les feuilles de sumac, importées de Sicile, contiennent du tanin qui rend le cuir souple adapté aux bandeaux de chapeaux, aux garnitures de bretelles, etc. Le sumac est également obtenu de l'État de Virginie, mais les feuilles étrangères contiennent plus de tanin et donnent un meilleur cuir que l'américain.

Dans une large mesure, les procédés dits chimiques ont supplanté les procédés végétaux, c'est-à-dire les procédés à base d'écorce de tan et de sumac ; mais dans certaines tanneries, les deux méthodes sont utilisées sur différents types de peaux.

Dans l'ancien processus d'écorce, l'écorce bronzée est broyée grossièrement et est ensuite traitée dans lessivage avec de l'eau chaude jusqu'à ce que la qualité tannante soit extraite. La liqueur ainsi obtenue est utilisée à diverses concentrations selon les besoins.

Dans la méthode la plus récente, la liqueur bronzée est remplacée par une solution de bichromate de potassium, qui produit ses résultats en beaucoup moins de temps.

Lorsque les cuirs ou peaux sont prêts pour le processus de tannage, ils sont placés dans un tambour tournant, appelé « moulinet », ou dans une fosse dans laquelle se trouvent des pales tournantes, avec une solution diluée de bichromate de potassium ou de bichromate de sodium, acidifiée avec acide chlorhydrique ou sulfurique . Si le moulinet est utilisé, il tourne pendant sept heures ou plus ; après quoi la liqueur est soutirée et remplacée par une solution acidifiée de thiosulfate ou de bisulfite de sodium , puis la révolution est continuée pendant plusieurs heures encore. Si l'on utilise la fosse, les peaux sont transférées dans un autre fût contenant la seconde solution et maintenues au repos ou retournées pendant une période analogue.

En retirant les peaux du moulinet ou de la cuve, et en les manipulant après traitement à la chaux pour détacher les poils, les mains et les bras des ouvriers sont gravement blessés, devenant crus s'ils ne sont pas protégés par des gants de caoutchouc ; même avec des gants, il est difficile d'éviter les blessures, et dans certains établissements, les ouvriers sont soulagés par le remplacement d'un procédé à un seul bain, dans lequel la liqueur est moins nocive pour la peau.

Processus de bronzage

Présentation des cuves, des opérations d'épilage et de chaulage. *Page 24.*

Les peaux sont ensuite retirées des fosses, lavées et brossées, puis séchées lentement à l'air. Lorsqu'ils sont partiellement séchés, ils sont empilés et recouverts jusqu'à ce qu'ils soient chauffés. Ils sont ensuite humidifiés et roulés avec des rouleaux en laiton pour donner de la solidité au cuir. Le cuir de la semelle est peu huilé. Le poids est augmenté en ajoutant du glucose et du sel.

Divers procédés rapides de tannage ont été conçus, dans lesquels les peaux sont suspendues dans des liqueurs fortes ou tannées dans de grands tambours rotatifs. On prétend que cela accélère le processus, mais le produit a été critiqué pour son manque de substance ou sa fragilité.

Le tannage au chrome s'est principalement développé dans ce pays au cours des vingt dernières années et est désormais d'usage général. Elle consiste à jeter un hydroxyde ou un oxyde de chrome insoluble sur les fibres d'une peau imprégnée d'un sel de chrome soluble : le bichromate de potassium. D'autres sels comme le chlorure de chrome basique, le chromate de chrome et l'alun chromique sont également utilisés. L'acide chlorhydrique ou sulfurique agit en libérant l'acide chromique.

Après plusieurs heures, la peau présente un jaune uniforme lorsqu'on la coupe dans sa partie la plus épaisse. Elle est ensuite égouttée et la peau travaillée dans une solution de bisulfite de sodium et d'acide minéral (pour libérer le dioxyde de soufre). L'acide chromique est absorbé par la fibre puis réduit par le dioxyde de soufre.

Dans la fabrication du cuir noir chromé, chaque tanneur a sa propre méthode. Contrairement à une idée reçue, il existe de nombreuses méthodes différentes de tannage au chrome. Il n'existe pas deux tanneries qui utilisent le même procédé.

Les tanneurs de cuir chromé cherchent à produire un cuir adapté aux exigences particulières imposées par les particularités ou les caractéristiques des différentes saisons. Les chaussures d'été nécessitent un cuir frais et léger ; à d'autres moments, un tannage plus lourd est essentiel, certains nécessitant un produit pratiquement imperméable.

Tous les cuirs, qu'ils soient tannés au végétal ou au chrome, doivent être « liquéfiés ». C'est-à-dire qu'une certaine quantité de matière grasse doit être introduite dans la peau pour qu'elle soit douce, maniable et utilisable. Ceci est très essentiel dans la production de cuir de veau. Les liqueurs grasses contiennent généralement de l'huile et du savon, qui ont été bouillis dans de l'eau et transformés en une liqueur fluide. Le cuir est mis dans un tambour avec la liqueur grasse chaude ; le tambour est mis en mouvement et, à mesure qu'il tourne, le cuir bascule dans le tambour et absorbe l'huile et le savon de l'eau. C'est la liqueur grasse qui rend le cuir doux et résistant.

Le cuir utilisé dans les chaussures est divisé en deux classes : le cuir de semelle et le cuir de dessus.

Le cuir de semelle est un cuir lourd, solide et rigide qui peut être plié sans se fissurer. C'est la base de la chaussure et doit donc être constituée du meilleur matériau. Les peaux de taureaux et de bœufs donnent le meilleur cuir à cet effet.

La peau tannée pour la semelle est trempée pendant plusieurs jours dans une solution faible (qui devient progressivement plus forte) de tannage de chêne ou de pruche obtenu à partir de l'écorce. La peau tannée en chêne est préférée et peut être connue par sa couleur claire. Un changement chimique a lieu dans la fibre de la peau. Il s'agit d'un tannage de haute qualité qui se distingue principalement par ses fibres fines et sa texture serrée et compacte.

Le cuir semelle en chêne, de par son caractère dur et sa texture serrée et fibreuse, résiste à l'eau et s'usera bien avant de se fissurer. Il est considéré par beaucoup comme meilleur que les autres cuirs pour les chaussures à semelle flexible, nécessitant des qualités imperméables.

Le cuir de semelle est divisé en trois classes selon le tannage : chêne, pruche et union.

Processus de bronzage

Montrant les tambours rotatifs. *Voir page 24* .

Le tannage du chêne est le suivant : les peaux sont suspendues dans des fosses contenant les liqueurs faibles ou presque épuisées d'un tannage précédent, et agitées de manière à absorber uniformément les tanins. Une liqueur forte durcirait la surface de manière à empêcher une pénétration complète à l'intérieur des peaux. Après dix ou douze jours, les peaux sont retirées et conservées dans un bronzage frais et une liqueur plus forte. Ce processus est répété aussi souvent que nécessaire pendant huit à dix mois. Au bout de ce temps, la peau a absorbé la totalité des tanins qu'elle va absorber.

Le tannage de la pruche est similaire au tannage du chêne en cours. Le bronzage de la pruche est une nuance rouge. La pruche produit un cuir très dur et inflexible. Il est modifié par l'utilisation de produits blanchissants qui sont appliqués sur le cuir après avoir été tanné. Il est vendu en côtés sans être élagué, tandis que le chêne est vendu en dos, avec le ventre et la tête coupés.

Le cuir Hemlock est largement et presque principalement utilisé pour les chaussures lourdes à semelles rigides pour hommes et garçons, où aucune flexibilité n'est requise ou attendue. Sa principale qualité souhaitable est sa résistance à la trituration ou au broyage en poudre, et son utilisation dans les chaussures à chevilles, clouées ou à vis standard pour hommes et garçons n'est en aucun cas répréhensible pour le porteur. En fait, pour cette classe de chaussures, c'est probablement le meilleur cuir qui puisse être utilisé. Mais lorsque la pruche est utilisée dans les chaussures cousues Goodyear pour hommes et garçons, où un fond flexible est attendu et requis, elle ne donne généralement pas de bons résultats. Elle ne peut pas résister de manière satisfaisante à la flexion constante à laquelle elle est soumise, et une fois la semelle usée à moitié, la flexion constante la fait se fissurer transversalement. Pour cette raison, il devient comme un tamis et n'a aucun pouvoir de résistance dans l'eau, et par conséquent il ne convient pas du tout aux chaussures à semelle souple.

Dans les peaux « tannées syndicalement », le chêne et la pruche sont utilisés et le résultat est un compromis en termes de couleur et de qualité. Ce bronzage a été utilisé pour la première fois il y a une cinquantaine d'années. Il y a vingt-cinq ans, les tanneurs de cuir de l'Union ont commencé à expérimenter des matériaux de blanchiment pour éviter l'utilisation de l'écorce de chêne, qui devenait rare et coûteuse, et ont finalement développé un système de tannage du cuir de l'Union avec de la pruche ou des agents de tannage apparentés, à l'exclusion du chêne. La couleur rouge et la texture dure ont été modifiées en blanchissant le cuir jusqu'à obtenir la couleur et la texture souhaitées. Cela produit un cuir qui n'a pas le tannage fin et serré du cuir de chêne véritable et qui n'a pas en même temps le caractère compact et dur du cuir de pruche. Le cuir Union produit de cette manière est une sorte de cuir bâtard ou hybride, n'étant ni du chêne ni de la pruche. Cependant, en raison de son économie en qualités de coupe, il est largement utilisé dans la fabrication de chaussures de prix moyen où une certaine flexibilité est requise dans la semelle. Cela est particulièrement vrai pour les chaussures pour femmes.

Le cuir Union est vendu en grande partie sur le dos et garni de la même manière que le chêne, mais pas aussi étroitement.

Le cuir de semelle est également fabriqué de nos jours en tannant les peaux par un procédé chromé ou chimique. Ce cuir est très résistant et souple et est utilisé sur les chaussures de sport et de sport. Il a une couleur vert clair et est beaucoup plus léger que le cuir de chêne ou de pruche.

De nombreux types de peaux sont utilisés pour la fabrication des semelles. Ce pays ne produit pas suffisamment de peaux pour répondre à la demande et de grandes quantités sont importées de l'étranger, bien que la plupart des peaux importées proviennent d'Amérique du Sud. Les peaux importées sont divisées en deux classes générales : les peaux sèches et les peaux vertes salées.

Les peaux sèches sont de deux sortes, les « silex » secs, qui sont soigneusement séchés après avoir été retirés de l'animal et séchés sans sel. Ceux-ci donnent généralement du bon cuir, même si s'il est brûlé par le soleil, le cuir n'est pas solide. Les « peaux salées à sec » sont salées et séchées jusqu'à ce qu'elles soient séchées. Les peaux sèches des deux types sont utilisées uniquement pour le cuir de pruche, bien que tout le cuir de pruche ne soit pas fabriqué à partir de peaux sèches.

Les peaux salées au vert sont utilisées dans la fabrication du cuir tanné en chêne ainsi que de la pruche, et celles utilisées par les tanneurs américains proviennent en grande partie de régions nationales ; mais une quantité variable est importée chaque année de l'étranger, principalement d'Europe et d'Amérique du Sud. Les peaux vertes salées se répartissent en deux classes générales, celles marquées et celles sans marque.

Les peaux de vache et de bœuf de marque sont utilisées par les tanneurs de cuir de chêne et de cuir syndical. Ceux qui ne sont pas marqués sont utilisés plus largement pour les ceintures et les cuirs d'ameublement, une petite partie se retrouvant dans le cuir de pruche.

Les restes de cuir de semelle, à proprement parler, comprennent une telle variété d'articles qu'il est difficile de tous les couvrir. Cependant, peu de gens réalisent la grande utilité de cette classe d'actions. Bien qu'il ne s'agisse pas exactement d'un sous-produit, les restes sont souvent classés comme tels. Sous la classe des restes de cuir de semelle sont compris les abats de cuir de semelle, tels que les têtes, les ventres, les épaules, les jarrets, les tibias, les talons pour hommes, les demi-talons pour hommes, les talons en trois et quatre pièces pour hommes et femmes, etc. dans le secteur de la chaussure, se tourne entre autres vers le commerce de produits chimiques et d'engrais. Par un procédé acide spécial de combustion de ce stock, on en extrait de l'ammoniac, qui entre dans la fabrication d'engrais ; et un autre sous-produit est l'acide sulfurique destiné au commerce des produits chimiques. La quantité d'ammoniac obtenue est faible, puisqu'elle représente environ sept pour cent de l'ammoniac pour une tonne de chutes de cuir de semelle. Celui-ci est mélangé à des engrais et vendu principalement dans les États du Sud et, dans une moindre mesure, à l'Ouest. Dans de nombreux États de l'Ouest, il existe une loi interdisant l'utilisation d'engrais à base de produits en cuir, en raison de leur faible qualité.

Abats de cuir de semelle

Montrer le ventre, les épaules, etc. *Page 35.*

Lors de la disposition des abats, les têtes sont utilisées pour les robinets, les élévateurs supérieurs et inférieurs. Les épaules sont utilisées pour les semelles extérieures et les semelles intérieures, tandis que les ventres sont utilisés pour les robinets et les comptoirs moyens à lourds. Les ventres et les tiges légers sont utilisés pour fabriquer des orteils et des contreforts.

Les tiges sont également utilisées pour les robinets et sous les ascenseurs. Ce stock est solide et substantiel et bien adapté à ces fins. Les ventres, étant flexibles, constituent la meilleure partie de la peau disponible pour les semelles intérieures.

En découpant les semelles, le fabricant accumule une quantité considérable de pièces pleines ou centrales, qui sont utilisées pour de petites levées de dessus, également pour des dessus « cubains », utilisant ainsi la majeure partie des petits débris lourds qui seraient normalement vendus pour des talonnages en pièces. . Il existe également une demande pour un stock similaire dans le commerce de la quincaillerie, où il est utilisé pour fabriquer des maillets et des manches d'outils, ainsi que pour les lave-wagons et les chariots. De grandes quantités de talons et demi-talons pour hommes et femmes partent en Angleterre, où ils sont découpés par les fabricants de talons en souliers et souliers sectionnels destinés au commerce anglais ; il y a une pénurie de cette classe d'abats là-bas.

Le fabricant de chaussures, après avoir coupé ses semelles et ses fers, est obligé de les fendre pour obtenir le fer particulier dont il a besoin. Cela laisse ce que l'on appelle une « forme de semelle de chair », également une « forme de robinet ». Ces skivings sont collés ensemble par une autre classe de métiers et à nouveau utilisés pour les semelles intérieures et les robinets des qualités de chaussures les moins chères. Les plus petits skivings , ou déchets, après tri des formes de semelles et de tarauds, sont vendus au commerce de planches de cuir. Celui-ci revient finalement dans le commerce de la chaussure sous la forme d'une planche de cuir découpée en talonnettes. Les déchets issus de la découpe des talonnettes sont à nouveau revendus au commerce de planches de cuir et effectuent un autre aller-retour chez le fabricant de chaussures. Cette illustration, ainsi que bien d'autres dans le secteur des chutes de cuir, démontre le principe scientifique selon lequel rien n'est jamais entièrement perdu. En ce qui concerne les talonnettes en morceaux, celles-ci sont réalisées en deux, trois ou quatre sections. Il s'agit de ce que l'on appelle des talonnettes sectionnelles. Les chutes de cuir sont également utilisées pour le filage pour le commerce européen.

Les semelles et les robinets, appelés rebuts, c'est-à-dire ceux rejetés par le commerce haut de gamme, sont vendus à des fabricants de lignes moins chères. Un fabricant de chaussures coupant lui-même ses semelles et achetant du cuir de semelle en côtés, après avoir trié les semelles adaptées à ses propres besoins, vendra ce qu'il ne peut pas utiliser à des revendeurs de rebut, qui à leur tour les revendront aux fabricants de chaussures exigeant cette classe particulière de cuir. action. Le revendeur de chutes de cuir, ou revendeur de chutes, constitue ainsi un maillon utile dans la chaîne de distribution, fournissant un marché où les fabricants de chaussures et de cuir peuvent écouler au mieux leurs excédents de produits et fournissant une source d'approvisionnement aux acheteurs qui souhaitent un article particulier. pour répondre à leurs besoins individuels.

Le cuir supérieur ou habillé est fabriqué à partir de kips ou de grandes peaux de veau. Il est tanné et fini comme toutes les autres formes de cuir par des variations du processus précédent. Les peaux épaisses sont souvent fendues par des machines, et les parties sont conservées et finies séparément. Les parties du cuir du côté des poils sont les plus précieuses et sont appelées cuir « fleur » ; les parties intérieures ou « fentes de chair » sont transformées en une variété de types de cuir différents par cirage, huilage et polissage.

Il est terminé par un récurage avec des brosses puis frotté avec un morceau de verre, qui élimine les plis et les rides et étire le cuir. Ensuite, on le farcit d'un mélange d'huile, de savon et de suif, qu'on y incorpore en le roulant. Diverses finitions sont données au cuir, telles que le grain de phoque, le chamois, le grain de gant, le grain huilé, le veau satiné, le roux, la chaussure unie, etc.

Les cuirs supérieurs sont noircis par frottement avec un mélange de noir de fumée et d'huile ou de suif, ou avec une solution de cuivre et de bois de campanule.

Aucun processus de tannage, aussi bon ou approfondi soit-il, ne peut produire un cuir ferme, utilisable et résistant à l'usure à partir de toutes les parties d'une peau, car la nature a rendu certaines parties de chaque peau poreuses, spongieuses et manquant de résistance fibreuse.

Les peaux de veau utilisées par les tanneurs appartiennent à plusieurs classes. Les peaux de veau américaines, exportées aux États-Unis et au Canada, sont généralement vendues avec une peau verte. Les agriculteurs n'élèvent qu'une petite fraction des veaux nés. Chaque vache doit produire un veau afin d'assurer un débit de lait maximum. La plupart des agriculteurs élèvent des vaches pour produire du lait, c'est pourquoi ils vendent les jeunes veaux pour la viande de veau et utilisent leurs peaux pour fabriquer du cuir de veau de haute qualité.

Dans les pays européens, les agriculteurs engraissent leurs veaux avant de les vendre afin d'obtenir un prix plus élevé pour le veau. La peau n'a pas autant de valeur pour le cuir que celle des veaux plus jeunes et elle est utilisée pour les cuirs de moindre valeur.

Le cuir de veau n'est pas fendu. Une peau plus lourde pourrait l'être. Il est rasé jusqu'à obtenir une épaisseur uniforme.

Le cuir de veau est divisé dans les classes suivantes, en fonction de la finition du cuir : -

Veau en pension (fabriqué en tannage au chrome et à l'écorce).

Veau ciré, fini côté chair avec une surface cireuse et dure.

Le veau box est un nom exclusif. Il est cartonné, frotté avec une planche pour faire monter le grain. Il est connu par de minuscules lignes carrées .

Le veau mat est un cuir de veau au fini mat, davantage utilisé en topping.

Le veau velours est fini côté chair. La plupart des marques de veau velours sont chromées, même si certaines sont en cuir végétal .

Le veau tempête est une peau épaisse, conçue pour l'hiver. Une grande quantité d'huile est utilisée pour la finition.

Le veau français est fini côté chair.

Les peaux sèches proviennent de Buenos Ayres, où le bétail est élevé dans les plaines. Cette ville exporte une grande quantité de peaux séchées, salées et séchées par fumage. Les peaux de vache donnent généralement du cuir fleur de qualité inférieure ; mais les peaux de vache sud-américaines peuvent être travaillées pour obtenir du cuir à semelle légère.

Les peaux de veau sont plus fines, mais lorsqu'elles sont bien tannées , curées et habillées, elles donnent un cuir très doux et souple pour les bottes et les chaussures. Ils sont finis à la cire et à l'huile côté chair, et peuvent également être finis sur les cheveux (grain de peau).

Peau de veau (salée verte).

Cuir de veau Ville de Paris. Ceux-ci sont obtenus en trois qualités : légère, moyenne et lourde.

Les qualités légères vont de quatre à cinq, ou sept à huit livres ; les qualités moyennes vont de sept à neuf livres; les qualités lourdes vont de neuf à douze livres.

Le cuir verni peut être fabriqué à partir de peau de poulain, de veau ou de chevreau. Le Coltskin est la peau des jeunes chevaux ou les peaux fendues des chevaux matures.

Le poulain et le chevreau vernis sont utilisés pour la plupart dans les qualités moyennement fines, et le côté verni (peau de vache) est utilisé dans les qualités moyennes et moins chères. Les tannés au chrome sont entièrement utilisés dans la fabrication du cuir verni.

Le cuir verni, tel qu'il apparaît dans les chaussures, peut être décrit soit comme du cuir verni, du poulain ou du chevreau, et parfois les Français utilisent du cuir de veau. Le procédé est en grande partie secret, même si son principe n'est plus breveté. Il est obtenu en rasant les peaux côté chair ou côté poils jusqu'à obtenir une épaisseur uniforme. Ensuite, il est dégraissé pour mettre la peau en état de recevoir la finition et de la protéger du pelage. Des couches successives de vernis noir liquide sont appliquées, les premières couches étant séchées et frottées, de manière à bien faire pénétrer le liquide dans les fibres du cuir. La dernière couche est appliquée avec un pinceau et cuite à une température de cent vingt à cent quarante degrés Fahrenheit pendant trente-six heures, puis laissée sécher à la lumière directe du soleil pendant six à dix heures, ce qui semble essentiel pour éliminez la sensation collante. Divers ingrédients entrent dans la fabrication des différents vernis, la première couche étant constituée de naphta, d'alcool de bois, d'acétate d'amyle, etc. Les vernis noirs sont constitués d'huile de lin et de divers autres mélanges, chauffés dans des bouilloires en fer. Le revêtement final est une préparation de naphta ressemblant à un matériau japonais. La peau est tendue sur un châssis lors des opérations de vernissage.

Il est presque impossible de faire la différence dans la qualité d'un cuir brillant par son apparence, bien qu'en général le cuir sur lequel le grain apparaît à travers le vernis se révèlera plus utile que celui sur lequel la finition est si épaisse qu'il cache le grain. Il faut faire très attention en recousant des chaussures en cuir verni qui ont été exposées par temps froid, car le froid a tendance à geler la finition. Le cuir verni, comme tous les revêtements vernis, est susceptible de se fissurer. Personne ne peut garantir qu'il ne le fera pas. Le cuir verni de chevreau est plus élastique et poreux que les autres types. La principale objection à l'utilisation du cuir verni pour une chaussure est son étanchéité à l'air. Cela le rend à la fois insalubre et inconfortable. Le cuir verni de chevreau est le seul cuir verni qui n'a pas cette objection.

Kid est un terme appliqué au cuir de chaussure fabriqué à partir de peaux de chèvres matures. La peau du chevreau ou du chevreau est transformée en cuir fin et flexible utilisé pour les gants de chevreau, trop délicat pour un usage général dans les chaussures. Les chèvres dont provient le cuir utilisé dans ce pays pour les belles chaussures des femmes et des enfants ne sont pas les espèces communes et domestiquées connues dans ce pays, mais sont des chèvres sauvages ou des espèces apparentées partiellement domestiquées et se trouvent dans les régions montagneuses de l'Inde. , les montagnes d'Europe, certaines parties de l'Amérique du Sud, etc.

Il existe environ soixante-huit types reconnus de peaux de chèvre importées du monde entier. Les espèces brésiliennes, de Buenos Ayres, andines, mexicaines, françaises, russes, indiennes et chinoises ne sont que quelques-unes des nombreuses espèces connues comme telles. Chaque espèce particulière de peau de chèvre possède ses propres particularités de texture. L'épaisseur et le grain diffèrent selon l'environnement dans lequel l'animal a été élevé. Il est étrange que ceux élevés dans des climats froids n'aient pas la peau aussi épaisse que ceux élevés dans des climats plus chauds, car les cheveux longs et épais prennent apparemment de la force.

On peut se demander d'où viennent toutes les peaux qui sont confectionnées en chevreau vernissé, chevreau mat et daim, à raison de plusieurs milliers de dizaines chaque jour. La grande proportion des peaux sont *des peaux de chèvre* . Ceux-ci sont presque tous importés de l'étranger, où les animaux sont abattus et éliminés à peu près de la même manière que nous disposons ici du bœuf et du veau. Les peaux de mouton et les carbarettas , peaux d'animaux issus d'un croisement entre le mouton et la chèvre, sont également utilisées.

Les qualités les plus fines de peaux de chevreau et de chèvre, tannées en grande quantité dans la Nouvelle-Angleterre, proviennent d'Extrême-Orient.

En Chine, il existe deux grands ports d'où partent les peaux : Tientsin et Shanghai. De retour à l'intérieur, partant d'un point situé à environ douze cents milles de la mer, les collectionneurs font leur tournée deux fois par an.

L'éleveur de chèvres tue son troupeau juste avant l'arrivée du ramasseur, écorche les animaux à flanc de colline, conserve la viande pour la nourriture, et avec les peaux de chevreau, partiellement séchées, enveloppées dans un fagot porté sur le dos ou sur un bête de somme, l'éleveur se dirige vers la station. Il se peut qu'une demi-centaine d'éleveurs attendent la venue du collectionneur et que celui-ci leur paie les peaux au prix du marché.

Chaque fois que le collecteur dispose d'un approvisionnement suffisant pour rentabiliser le transport, il met les peaux en balles et les envoie ensuite parcourir des milliers de kilomètres le long du fleuve jusqu'au port maritime. De Tientsin ou de Shanghai, elles sont transportées par des paquebots qui arrivent aux ports de l'Est par le canal de Suez, et pendant le voyage les paquebots font plusieurs ports, de sorte qu'il faut de six à dix semaines avant que les peaux n'atteignent l'Amérique.

Une autre méthode d'importation consiste à expédier la matière première à travers le Pacifique puis à la transférer vers un chemin de fer, mais la différence de coût pour le fabricant est si grande qu'elle n'est pas rentable.

Les peaux de chèvre de Chine sont considérées comme parmi les plus belles au monde et, une fois tannées, elles constituent des chaussures de la plus haute qualité.

Ensuite, il y a les peaux de moka, qui viennent de Tripoli, d'Arabie et d'Afrique du Nord. Dans ces endroits, la méthode de collecte est pratiquement la même qu'en Chine.

Les deux grades les plus connus sont le Hodieda et le Benghazi. Ils tirent leurs appellations des villes exportatrices. Hodieda est située dans la partie sud-ouest de l'Arabie, au bord de la mer Rouge, tandis que Benghazi se trouve à Barca, l'une des provinces de Tripoli.

D'autres peaux de chèvre sont produites en Inde et en Russie, et des millions de peaux sont exportées chaque année depuis Bombay, Madras et Calcutta. Ces peaux ne sont pas amenées directement en Amérique, mais sont transbordées à Marseille ou à Londres.

Les jobbers d'Europe ou d'Inde occupent une position plutôt unique car, selon leur pratique, il leur est presque impossible de subir des pertes financières en traitant avec un tanneur américain. Celui-ci, lorsqu'il veut assurer son approvisionnement annuel en matière première, négocie avec un agent de Boston, avec lequel il signe un contrat pour un certain nombre de peaux. Il est alors nécessaire que le tanneur achète avec une somme d'argent égale à la valeur nominale ou qu'il obtienne des lettres de crédit auprès de banques de Boston ayant des relations avec l'Europe.

Avant l'exportation des peaux, le grossiste reçoit son argent des banques européennes et les connaissements sont transmis aux banquiers de Boston, qui les remettent aux tanneurs et, lorsque l'occasion l'exige, obtiennent des tanneurs ce qu'ils savent. comme un acte de confiance.

Toutes les peaux de chèvre sont tannées selon le même procédé de tannage au chrome, que la finition soit glacée ou mate. Les proportions de produits chimiques varient selon la texture de la peau, et selon le grain.

Le processus de tannage est plus rapide que celui des peaux plus lourdes, et toutes les variétés de tannage sont utilisées, les méthodes au chrome étant devenues d'usage très général. Il existe de nombreux types de finitions : glacé, mat, mat, verni, etc. Une qualité qui distingue le cuir de chèvre, le « chevreau » de la cordonnerie, est le fait que les fibres de la peau sont entrelacées et imbriquées dans toutes les directions. . Les peaux finies provenant de la tannerie, quel que soit le processus auquel elles ont été soumises, sont triées selon leur taille et leur qualité, un certain nombre de qualités étant créées. Au lieu de se déchirer d'un bout à l'autre, comme un morceau de tissu, ou de se fendre en couches, comme le ferait la peau de mouton lorsqu'elle est transformée en cuir, l'enfant tient fermement dans toutes les directions.

Le chevreau glacé est coloré après avoir été tanné en le plongeant dans la couleur, un processus très important. La surface brillante est obtenue par «

frappe » ou brunissage côté grain. Il est fabriqué en noir et en couleurs, en particulier beige, et est connu sous autant de noms qu'il y a de fabricants.

Le chevreau glacé est utilisé dans la tige des chaussures, ce qui en fait une chaussure fine et douce, particulièrement confortable par temps chaud et censée prévenir les pieds froids en hiver, grâce à une circulation sans restriction.

Mat kid est un chevreau doux et noir terne, la douceur étant le résultat d'un traitement à la cire d'abeille ou à l'huile d'olive. Il est fini côté grain de la même manière que le chevreau glacé et est principalement utilisé pour les garnitures de chaussures. Il ressemble beaucoup en apparence au veau mat et est souvent utilisé de préférence, car il est beaucoup plus léger et à peu près aussi solide.

Le chevreau en daim n'est pas tanné, mais est soumis à un processus d'alimentation dans une solution d'œuf, appelé « tawing », pour le rendre doux et malléable. La peau est tendue et la couleur est appliquée par « brushing » (avec un pinceau). La couleur ne pénètre pas dans la peau, mais est simplement superficielle. Les suèdes sont fabriqués à partir de carbarettas et de peaux de mouton refendues. Les suèdes sont très largement utilisés dans la fabrication de pantoufles et se déclinent dans une grande variété de couleurs.

Un chevreau de ricin est une peau d'agneau perse finie de la même manière qu'un daim et est utilisée dans la fabrication de cuir de gant très doux et d'apparence fine. La peau est si légère qu'elle doit être « sauvegardée » avant d'être transformée en chaussures.

Les cuirs fantaisie sont largement utilisés pour les garnitures de chaussures dotées d'empeignes en cuir verni. Les parementures sont sélectionnées parmi des cuirs fantaisie pour embellir l'intérieur d'une chaussure et augmenter sa qualité de port. Les cuirs au fini mat ou glacé sont utilisés dans les couleurs typiques des chaussures.

Les divers types d'enfants sont les suivants : -

- *Un* kangourou

- *B.* Peau de daim

- *C.* Peau de mouton

- *D.* Chamois

- *E.* Cordovan

- *F.* Divisions

- *un.* Grains de phoque

- *b.* Chamois

- *c.* Grains d'huile

- *d.* Veau satiné

- *G.* Émail

- *H.* Côtés

Le kangourou est la peau de l'animal de ce nom.

La peau de daim est la peau de certains cerfs.

La peau de mouton est la peau du mouton domestique familier.

Le chamois est la peau de l'animal de ce nom et par courtoisie les peaux spécialement traitées de certains animaux domestiques.

Il est facile de reconnaître une peau de chevreau parmi les différents types de cuir supérieur, en raison de sa très légèreté et de sa souplesse.

Pendant l'hiver, le cuir, en séchant, a tendance à geler, surtout lorsqu'il n'existe pas de grenier de séchage bien équipé. Ce cuir devient fragile et mou s'il est décongelé trop rapidement. Lors de la congélation, l'eau contenue dans les peaux qui ont été suspendues pour sécher est expulsée et étire les fibres de la peau. Plus les peaux sont mouillées, plus elles seront démoralisées par le gel. Le traitement consistant à transporter le cuir gelé dans une pièce chaude est déconseillé ; la meilleure méthode consiste à laisser les peaux pendre telles quelles et à fermer hermétiquement toutes les ouvertures à l'air extérieur. Si cela est impossible, il est préférable de placer le cuir en tas, dans une pièce où la température ne descendra pas en dessous du point de congélation, et de le recouvrir d'un chiffon. Dans le cas où le cuir s'enroule, il doit être humidifié avant que l'enroulement ne devienne plus grand que d'habitude ; il deviendra ainsi plus ferme partout. Certains cuirs supérieurs, et en particulier les peaux de mouton destinées à la doublure, sont favorisés par la congélation, car le cuir devient blanc et rebondi et est également d'une couleur vive, bien que sa durabilité soit quelque peu diminuée.

La popularité du cuir blanc pour les chaussures augmente à merveille. Il y a de bonnes raisons pour cela. Les chaussures blanches modernes ont une apparence élégante et à la mode qui a conquis le cœur des femmes de tous âges et de toutes conditions, et lorsqu'elles veulent quelque chose, elles sont toujours vigilantes pour le leur fournir. Le nouvel amour pour les chaussures blanches est intéressant à retracer. Il y a des années , le cuir blanc destiné aux chaussures était principalement fabriqué à partir de peaux de cerf. Mais ce cuir, bien qu'attrayant à l'état neuf, s'étirait peu après avoir été porté et prenait une teinte jaunâtre. En outre, le prix de ces chaussures était très élevé et il n'est pas surprenant qu'elles aient été supplantées par les chaussures en toile blanche, moins chères, mais attrayantes et utiles, qui se sont rapidement vendues au cours de la saison.

C'est tout à l'honneur de nos tanneurs d'avoir su mettre au point et mettre sur le marché un cuir blanc pour chaussures qui répond de manière satisfaisante à toutes les exigences. Ce cuir est fabriqué à partir de peaux de vache ; la couleur blanche ne se décolore pas et ne jaunit pas, et mieux encore, le cuir peut être facilement nettoyé et rendu comme neuf. Un autre avantage est que ces cuirs peuvent être utilisés dans des chaussures vendues à des prix populaires.

Il existe de nombreuses qualités commerciales courantes de cuir supérieur.

Le veau Willow est un tannage chromé fin et doux du cuir de veau. Il est vendu en trois couleurs : beige clair, sang de bœuf et brun olive. Les caractéristiques distinctives de ce cuir sont sa durabilité et le fait qu'il reste toujours souple et souple. Il est adapté à la plus haute qualité de chaussures pour hommes et femmes.

Le veau box est un cuir de veau tempête de la plus haute qualité. Il s'agit d'un tannage chromé imperméable de couleur beige moyen, avec une finition terne. C'est le meilleur cuir que l'on puisse obtenir pour les vêtements bruts d'extérieur, les chaussures de marche, les bottes de chasse, etc. Il est également adapté aux chaussures très fines pour hommes et femmes. Il existe une demande croissante pour ce type de chaussures. Dans la tige des meilleures chaussures tempête , vous trouverez toujours du veau box.

Royal Kid est un cuir de veau chromé noir, au fini mat avec un grain lisse et naturel de texture fine, doux et souple. Il est utilisé pour les vamps et les chaussures complètes des plus hautes qualités pour hommes et femmes, et constitue un matériau très populaire pour les chaussures d'automne et d'hiver. Les qualités recherchées du cuir de veau fin font que la demande augmente plus rapidement que l'offre de matière première.

Tan royal est une couleur beige, cuir de veau chromé, finition lisse, grain fin, excellentes qualités de coupe, uniforme, de nuances beiges moyennement riches. Le cuir de veau beige est très attrayant et la chaussure beige est désormais un produit incontournable

Cadet Kid est un cuir de veau chromé noir brillant, à finition lisse, destiné aux chaussures fines pour hommes et femmes. Ce tannage et cette finition confèrent une valeur de coupe remarquable. La stabilité de cette crosse est tout à fait unique et permet à la chaussure finie de tenir debout, gardant sa forme tant désirée malgré les différents tests de fabrication. Il est considéré comme le meilleur cuir de veau par les meilleurs juges, les fabricants de chaussures.

Bronko se distingue par son grain fin effet peau de poulain . Il a une finition vernie noire riche et brillante. Les résultats obtenus par le brevet Bronko dans son fonctionnement à travers l'usine de chaussures et ses qualités de port par la suite n'ont jamais été égalés. Bronko est l'un des plus beaux résultats du développement du cuir verni chromé.

Cadet Kid Side est un cuir latéral chromé qui imite fidèlement le cuir de veau, appelé Cadet Kid. Il a une finition brillante et brillante et un grain remarquablement fin. Il ressemble étonnamment à du cuir de veau fin.

Les côtés des veaux des cadets sont similaires aux côtés des enfants des cadets, à l'exception d'une finition en planches. Il s'agit d'un autre cuir latéral noir chromé qui se rapproche beaucoup d'un cuir de veau.

Le côté chromé mat royal est une finition spéciale, ressemblant beaucoup au veau, utilisée pour le dessus des chaussures moyennement fines pour hommes et femmes.

Le vernis Black Hawk est un cuir verni bien tanné et bien fini pour les chaussures pour femmes de prix moyen et pour les pourboires.

Le côté chromé de la boîte colorée, à bord, remplace le veau en saule.

Le côté chromé noir, à bord, remplace le veau box dans les chaussures moyennement fines.

Le côté enfant kangourou est un cuir noir bronzé, terne, lisse, presque comme du veau, utilisé dans le dessus des chaussures pour hommes et dans les chaussures entières pour hommes et femmes.

Le noir imperméable est un cuir de haute qualité et d'une grande durabilité pour les chaussures lourdes pour hommes et garçons. Le marron imperméable est similaire au noir imperméable, sauf en couleur, et est un cuir conçu pour un usage intensif.

Amhide black est un tannage doux, sec et de haute qualité pour des chaussures légères, confortables, de sport, de travail et résistantes.

La peau rousse est comme la peau noire en tout sauf en couleur.

Hercules storm chrome est un cuir qui se distingue par son grain fin et son bel aspect de poids moyen-lourd.

Boris est un cuir épais, souple et imperméable pour chaussures pour hommes de qualité moyenne. Il est fini en trois couleurs et en noir.

Le Zulu est un cuir de prix moyen, ce qui en fait une chaussure lourde et très fine. Il est réalisé en deux couleurs et en noir.

Le bison est un cuir coloré ou finition noire, de haute qualité, très confortable et résistant.

Ottawa est de deux couleurs et a une finition noire et convient aux chaussures lourdes et rugueuses de haute qualité.

Le veau Sheboygan est un cuir très rembourré, doux et imperméable. Il est de deux couleurs et noir.

Le veau Dongola est un cuir noir utilisé pour les chaussures d'extérieur durables, lourdes et de prix moyen.

Les fentes pour couteaux à bande sont vendues dans plusieurs tannages et finitions de fabrication des plus perfectionnées. Ces divisions sont triées selon tous les poids. Une sélection uniforme est maintenue et la qualité à tous égards est du plus haut niveau.

Les fentes d'union de veau d'Oxford sont l'une des qualités les plus élevées de fentes d'union à finition grainée. Il a un aspect extrêmement doux et fin.

Les fentes de veau Cambridge ont une finition très soignée et de haute qualité, mais un peu plus ferme que le veau Oxford.

Les tranches de chair sont vendues en deux tannages. Ce sont les refentes de chair de la plus haute qualité qu'il est possible de réaliser, et elles sont très en avance sur les refentes de chair ordinaires, leur finition améliorée en faisant un substitut moderne et largement utilisé au satin.

Les fentes noires et rousses d'Ottawa comprennent une variété de fentes imprimées, utilisées pour les chaussures en combinaison avec du cuir fleur et pour les chaussures entières. Ils sont sélectionnés dans de nombreux poids.

Les fentes flexibles pour Goodyear, Gem, semelles intérieures McKay, sont le cuir qui offre les plus grands avantages aux grands et petits acheteurs. C'est le produit de six tanneries différentes, assorties dans tous les grammages habituels. Un grand soin est apporté à la fabrication de ces fentes pour les adapter parfaitement aux besoins du fabricant de chaussures.

Les courbures flexibles sont utilisées par les fabricants de chaussures cousues Goodyear nécessitant une semelle intérieure droite Goodyear ou Gem. Ils trouvent ces coudes très avantageux en raison de la faible quantité de déchets, de la solidité et de l'attrait du matériel. Ils sont élaborés en six tannages.

Les fentes flexibles chromées pour les semelles intérieures fournissent un cuir très solide et durable pour les semelles intérieures, les robinets et les semelles extérieures.

Les fentes de gousset Ooze, colorées, donnent un cuir à très bas prix adapté aux goussets, aux languettes à soufflet pour les bottes hautes, ainsi qu'aux contre-doublures des richelieus.

Les fentes d'empeigne Ooze, noires et colorées, sont des cuirs solides, durables et bon marché, adaptés aux chaussures de travail bon marché où les qualités imperméables ne sont pas requises.

Les fentes en relief tannées au chrome, colorées, sont réalisées dans une grande variété de motifs pour les chaussures bon marché et autres travaux nécessitant du cuir. Ils sont durables et peu coûteux.

CUIR POUR CEINTURES

Un bœuf indigène âgé d'environ quatre ans, tué au mois d'octobre, offre le meilleur exemple d'une bonne peau pour la fabrication de courroies, c'est-à-dire pour la transmission de la puissance d'une poulie à l'autre. A cet âge et à cette saison, le bouvillon est en excellente condition.

En raison de la grande et énorme tension exercée sur la courroie et de la nécessité de la faire fonctionner correctement sur la poulie, elle doit être de la plus haute qualité possible, combinant une grande résistance pour empêcher l'étirement et une uniformité du grain pour assurer une longue usure ; par conséquent, seules les peaux de bœufs sélectionnés sont utilisables, et celles-ci sont à leur tour rejetées lorsqu'elles contiennent des défauts, des coupures ou d'autres imperfections. Une fois qu'une peau est acceptée pour le ceinturage, elle est soumise à un parage généreux, la tête, le cou, les pattes et le ventre étant coupés, ne laissant qu'une petite section compacte englobant de deux à deux pieds et quart de chaque côté de la peau. la colonne vertébrale et s'étendant sur environ six pieds le long de la même queue vers l'avant. C'est la partie de la peau où les fibres sont étroitement et fermement liées entre elles, et où la vitalité est la plus grande, en raison de la proximité du réseau de nerfs rayonnant de chaque côté de la colonne vertébrale vers toutes les parties de la peau.

Les peaux du taureau et de la vache de chaque race sont inférieures, pour ce qui est de la ceinture, à celles du bœuf. La peau du taureau est grossière et dure, avec le cou très lourd et plein de rides, provoquant une variation dans l'épaisseur et le tracé du grain du cuir. La peau de la vache est fine, son épaisseur n'est pas uniforme, elle est plus lourde au niveau des hanches qu'au niveau des épaules, et elle manque de la fermeté nécessaire à une bonne ceinture. Les angles vifs des os de la hanche d'une vache ont également tendance à former des poches dans la peau.

Une fois la peau taillée, elle est soumise au processus de « curry ». Toutes les membranes ou particules de chair adhérant à la peau sont enlevées par une machine qui rase la membrane, etc., avec une rapidité fulgurante. Le cuir est ensuite lavé et récuré en machine, ce qui élimine toutes les saletés encore adhérentes à la peau. Une fois le cuir soigneusement nettoyé et humide, il est placé sur la table et des graisses, composées d'huile animale pure, sont incorporées dans le cuir, tant du côté fleur que du côté chair, à l'aide de brosses. Cette opération se déroule à froid. Il est ensuite placé dans une grande roue tournante contenant de l'eau chauffée à un degré élevé, ce qui fait gonfler le cuir et ouvrir les pores. Le cuir est ensuite retiré et placé dans une autre roue contenant de l'huile minérale lourde et chauffé à plusieurs degrés de plus que l'eau, et culbuté dans la roue jusqu'à ce que l'huile lourde remplisse les pores et les fibres distendus. Après cela, le cuir peut sécher.

Les peaux peuvent rester plusieurs mois dans la liqueur de bronzage jusqu'à ce que la peau verte soit transformée en cuir.

Une fois la peau transformée en cuir, elle est étirée. Pour tendre correctement le cuir destiné aux ceintures, il faut d'abord le couper de manière à retirer la partie qui montre les marques de la colonne vertébrale du bœuf.

Le cuir est étiré en le plaçant dans des pinces, chaque partie de la pièce recevant la même traction. (Le cuir est placé dans les pinces lorsqu'il est humide, car le cuir humide donnera le plus grand étirement.)

Lorsque le processus d'étirement est terminé et que le cuir a complètement séché dans les pinces d'étirement, il est libéré. Ces morceaux de cuir sont assez secs, très fermes et peu souples. Le cuir est maintenant humidifié afin qu'il soit plus souple lors des processus de finition. Une fois que l'eau a pénétré dans le cuir (appelé sammied), il devient très doux. Il est ensuite soumis à un rouleau sous forte pression pour éliminer toutes les aspérités de la peau. Il est ensuite soigneusement séché, provoquant le rétrécissement des fibres ; puis à nouveau humidifié et passé dans une machine à polir, qui agit sur le même principe que le vérin roulant.

Les côtés et les centres sont maintenant passés dans une machine à découper, qui réduit le cuir en bandes de différentes tailles.

Les ceintures sont assemblées en cimentant les pièces. Le ciment pour ceintures est un adhésif très puissant. Cela régit en fait la résistance de la ceinture, car la ceinture est aussi solide que la partie la plus faible de l'articulation.

PRODUITS EN CUIR BRUT

Le cuir brut est utilisé à de nombreuses fins. Une fois le côté du cuir débarrassé des parties inutilisables, il est vendu à la dentellière. Il mesure la même chose dans une machine.

Les garnitures du côté de la peau peuvent être utilisées pour une tête de maillet ou d'autres outils en cuir. Les produits les plus courants de la section résistante des cordes en cuir brut sont les cordes de chaussures, les lacets de ceinture et les parties de harnais. Il est également transformé en lacets de chaussures en cuir utilisés dans les camps forestiers.

Lorsque la peau est sélectionnée pour le cuir brut, elle est d'abord passée dans une machine à épiler , où tous les poils sont enlevés. Il est ensuite étoffé ; c'est-à-dire que toute membrane lâche et toute chair qui aurait pu adhérer à la peau sont retirées du côté chair. Le cuir brut est ensuite placé dans un bain spécial dans le but d'ouvrir les pores, avant d'y ajouter les huiles et graisses. Après ce bain, il est soigneusement séché dans une boîte chaude puis mis dans des meules qui broyent les graisses dans la peau.

La peau, qui est rendue dure par ce processus de séchage, est passée dans des casseurs, où elle est soigneusement travaillée pour lui donner une forme douce et malléable.

La peau est ensuite passée à la machine de mise en place, qui finit toutes les formes de cuir en condensant et en renforçant les fibres. Des huiles spéciales sont appliquées sur le côté grain et chair de la peau. Il est fini à la main et découpé en lacets. Cette finition manuelle est généralement réalisée afin de rejeter toutes les pièces qui ne sont pas parfaites.

Le cuir poil est tanné à l'acide, une méthode plus rapide. La peau est divisée en côtés et tannée avec le ventre, qui est utilisé pour les sangles de voiture, les sangles de sonnettes, les sangles de coffre et les brides d'équitation.

LES SOUS-PRODUITS D'UNE USINE DE CEINTURES EN CUIR

Il existe de nombreux sous-produits dans une usine de ceintures en cuir, qui sont tous utilisés. Les bandes les plus fines sont utilisées pour les cils fouettés, les petits morceaux sont utilisés pour le talon français et les morceaux extrêmement petits sont utilisés dans les tapis en cuir.

Le sous-produit du taureau de ceinture, qui représente environ cinquante pour cent, est utilisé pour fabriquer du cuir de chaussures et des lanières de cuir. Une quantité considérable de cuir est prélevée sur le taureau qui porte une ceinture pour certains travaux de harnais. Le ventre est épais et poreux mais pas résistant, et est utilisé pour les licols, les brides de vache et d'autres parties du harnais où la tension n'est pas grande.

FABRICATION DE CEINTURES RONDES

La ceinture ronde est fabriquée à partir des meilleures ceintures, mais même si la tension sur les ceintures rondes n'est pas sévère, le cuir doit être doux et pliable. Il est sélectionné parmi un stock régulier de peaux de bœufs indigènes.

PROPRIÉTÉS DU CUIR TANNÉ

Le cuir tanné est constitué d'un grand nombre de petits faisceaux de fibres. Les fibres les plus grossières et les plus résistantes se trouvent à l'intérieur, tandis que les fibres très fines et lisses se trouvent à l'extérieur. Ces fibres sont si entrelacées et si élastiques que lorsque le cuir se plie, ces faisceaux jouent les uns sur les autres. En raison de la douceur de la surface, elle peut être polie et de belles finitions et effets obtenus sur le cuir.

L'élasticité du cuir (qui est due à l'élasticité de ses fibres) lui permet de s'étirer dans une large mesure. La tendance à revenir à sa position initiale est très forte au début, mais s'affaiblit si la tension se poursuit à un moment donné. Bien entendu, en étirant le cuir, il y a toujours un dessin correspondant dans une autre partie de la chaussure, ce qui lui donne un aspect usé et ample.

Lorsque les chaussures sont retirées des pieds, celles-ci sont souvent humides à cause de la transpiration. Les fibres étirées ou tendues ont tendance à rétrécir et à revenir à leur position d'origine. Pour éviter cela, il est nécessaire d'y placer des embauchoirs.

Lorsque les doublures des chaussures sont exposées aux frottements et à l'excrétion de la transpiration des pieds de certaines personnes, elles se détériorent. Cela est dû au fait que les acides de la transpiration (acides acétique, formique et butyrique) sont devenus tellement concentrés qu'ils agissent sur les fibres du cuir. Ces acides exercent un effet brûlant, faisant perdre aux fibres leur élasticité, qui ne jouent plus les unes sur les autres mais se fixent les unes aux autres. Le résultat est qu'ils deviennent durs et toute tentative de plier le cuir les déchire ; et une fois que l'union des fibres est détruite, elle ne peut plus être réparée.

Afin de maintenir les fibres dans cet état (douces et flexibles), il convient de les lubrifier souvent (deux fois par semaine) avec un liquide suivi d'une pâte de cire, généralement appelée enduit pour chaussures. Lorsqu'une brosse ou un morceau de tissu est frotté sur la surface du cuir contenant du lubrifiant pour chaussures (cirage), cela produit une surface lisse appelée « brillance ».

Il ne faut pas utiliser de composés qui brillent sans frottement produit par un pinceau ou un chiffon, car ce sont de simples vernis et une couche sur l'autre détruit le cuir.

SUBSTITUTS AU CUIR

Autrefois, nos pères et nos mères utilisaient des chaussures faites à la main et les portaient jusqu'à ce qu'elles aient dépassé leur période d'utilité. A cette époque, la consommation n'équivalait pas à la production de cuir. La connaissance des conditions qui prévalent aujourd'hui dans les grands pays occidentaux montrera que bon nombre des grands secteurs d'élevage, autrefois réputés pour leur bétail, ont été repris par des fermiers et produisent désormais des céréales au lieu du bétail. Mais depuis l'apparition des chaussures fabriquées à la machine, différents styles de chaussures sont mis sur le marché à différentes saisons, pour correspondre au changement de style vestimentaire, et les chaussures sont souvent jetées avant d'être usées. Jusqu'à présent, nous n'avons pas pu utiliser des cuirs de rebut, car les filatures de mauvaise qualité utilisent de la laine, de la soie, etc. Le résultat est que la consommation de cuir est supérieure à la production et des substituts doivent donc être utilisés.

Il existe actuellement une diversité et une variété étonnantes dans les matériaux utilisés pour les chaussures. Tous les cuirs connus sont utilisés, du chevreau au cuir de vache, et les tissus textiles se sont développés rapidement, notamment dans la confection de chaussures pour femmes et enfants. Les satins, velours, serges et autres tissus utilisés dans la fabrication des chaussures doivent être fermes et bien tissés, et sont généralement fournis avec un support en tissu ferme, semblable à une toile, pour donner de la résistance.

En ce qui concerne la qualité du port, le vieil adage « Il n'y a rien de tel que le cuir » est toujours d'actualité ; Mais de nos jours, les gens n'achètent pas de chaussures uniquement pour leur qualité. Le style et la beauté intrinsèque sont pris en compte et ont une valeur monétaire, comme pour tout autre vêtement.

Chaque tissu est composé de deux ensembles de fils filiformes tissés à angle droit l'un par rapport à l'autre. On les appelle chaîne et remplissage (trame). La chaîne est composée de fils qui s'étendent sur le chemin le plus long du tissu et le rembourrage s'étend sur le chemin le plus court du tissu. Puisque la chaîne est le corps du tissu, elle constitue sa partie la plus solide et tout le tissu des chaussures doit être placé en chaîne sur le pied de celui qui le porte, de manière à pouvoir résister aux fortes tensions.

Diverses tentatives ont été faites pour que la législation interdise le traitement du cuir par des produits chimiques ou l'utilisation de substances visant à augmenter son poids. Un certain nombre de fabricants de chaussures se sont plaints du fait que l'utilisation excessive de glucose (une forme de sucre) dans le cuir des semelles avait entraîné des dommages au cuir et aux tissus composant le dessus des chaussures.

Les représentants des grandes entreprises de maroquinerie affirment que les méthodes de tannage des cuirs à semelles ont radicalement changé au cours des dernières années et que la petite quantité de glucose et de sels d'Epsom utilisée aujourd'hui pour la finition des cuirs à semelles est absolument nécessaire à leur valeur. n'est en aucun cas un matériau adultérant ou alourdissant. Les fabricants de chaussures, quant à eux, affirment que, dans certains cas, de plus grandes quantités de glucose, de sel, etc. ont été ajoutées au cuir souple provenant du ventre de l'animal, afin de lui donner la rigidité souhaitée. En raison du prix élevé du cuir, diverses tentatives ont été faites pour lui trouver un substitut. La plupart de ces substituts sont constitués de tissus résistants traités avec de l'huile siccative comme les graines de lin, l'huile ayant été préalablement mélangée à d'autres substances solides.

Un prix de cinq mille francs a été décerné à un inventeur belge, Louis Gevaert, pour son cuir artificiel d'une qualité exceptionnellement supérieure. Le procédé consiste en l'imprégnation plus ou moins intime d'une étoffe résistante avec des substances tanniques albuminoïdes. On dit que les chaussures fabriquées à partir de ce cuir possèdent non seulement la résistance et l'élasticité du cuir naturel, mais aussi sa durabilité à l'usure. De plus, ils sont beaucoup moins chers, ne coûtant, fabrication comprise, que quatre francs (environ quatre-vingts centimes) et étant vendus environ six francs la paire.

CHAPITRE QUATRE
L'ANATOMIE DU PIED

Très peu de gens, même parmi ceux qui travaillent dans l'industrie de la chaussure, connaissent l'anatomie du pied. Il est pourtant évident qu'ils doivent en connaître quelque chose pour pouvoir fournir au pied une couverture adéquate.

La première chose qui frappe lorsqu'on regarde le pied humain est sa grande proportion d'os. En appuyant sur sa surface supérieure et sur celle de sa face interne, on constate que la quantité de chair est en effet très petite. Il en va de même pour la cheville interne et externe. L'extrémité arrière de la cheville n'est pratiquement pas recouverte de chair. Les parties les plus charnues du pied sont sa face externe, la base du talon et la pointe du gros orteil.

La raison de cette disposition de la chair est de protéger ou de recouvrir les parties du pied qui soutiennent le corps en entrant en contact avec le sol. Ils agissent comme des coussinets et atténuent les commotions cérébrales. L'abondance de chair sur la face externe du pied sert à protéger ou à servir de bouclier contre le danger. L'intérieur du pied n'est pas autant exposé que l'extérieur.

Le pied est divisé en trois parties : les orteils, la taille et le cou-de-pied, ainsi que le talon et la cheville. Le plus gros os du pied est l'os du talon (appelé calcanéum). C'est l'os qui fait saillie vers l'arrière de l'articulation principale et forme la partie principale du talon. Lorsqu'une personne a les pieds plats, cet os est poussé plus loin vers l'arrière que la nature ne l'avait prévu. La connexion entre celui-ci et les os du tarse est perdue.

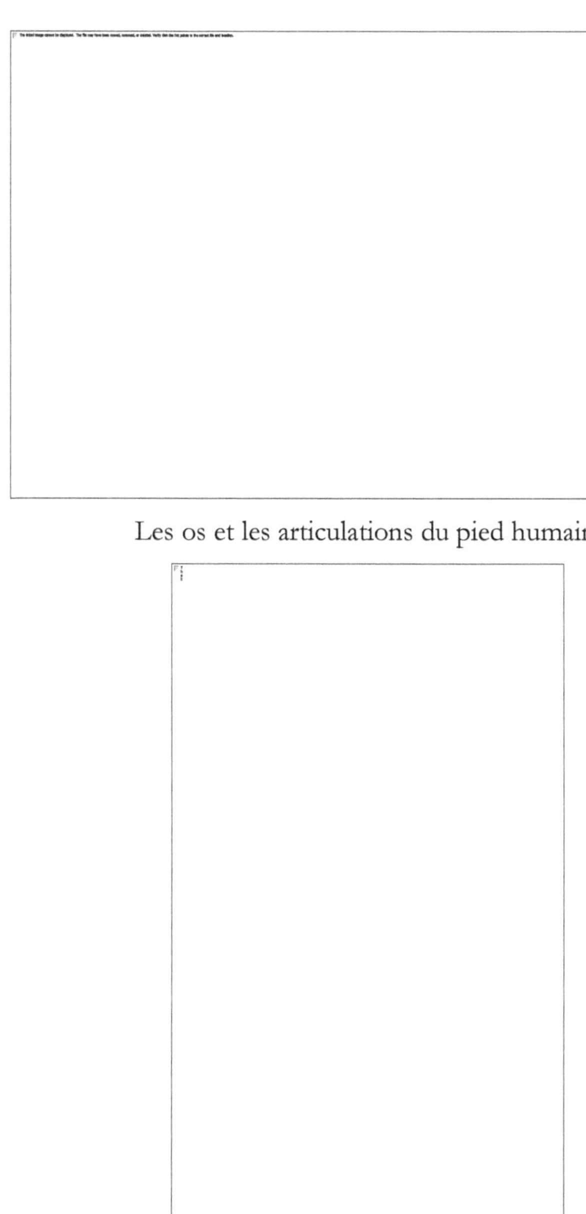

Les os et les articulations du pied humain.

Les différentes parties du pied et de la cheville. *Voir page 86* .

L'os supérieur du pied est l'astragale et constitue l'articulation principale dont dépend le processus de marche. Cet os a une surface supérieure lisse et circulaire qui le relie à l'os principal de la jambe inférieure. Il faut absolument que cet os soit en parfaite harmonie (relation) avec les autres afin d'assurer confort et santé. Si la voûte plantaire est déplacée, vers le haut, vers le bas ou latéralement, cette articulation n'est pas autorisée à faire son travail normalement.

Le rhumatisme est un mal fréquent d'une articulation blessée. D'où la nécessité d'une action absolument normale, sans être gênée par des chaussures mal ajustées.

L'arc principal du cou-de-pied est appelé os cunéiforme ou tarsien. Les gens sont assez gênés par les cou-de-pied défectueux. Les articulations déformées à ce stade, dues à des chaussures qui ne s'ajustent pas et, par conséquent, perturbent et déplacent la structure délicate et naturelle, font de grands ravages dans le confort du pied. Neuf articulations se regroupent à ce stade.

Les os des orteils sont appelés os métatarsiens et phalanges. Il ne fait aucun doute que la nature a voulu que l'humanité marche pieds nus, et dans ce cas les phalanges du pied occuperaient une place beaucoup plus importante que ce n'est le cas aujourd'hui grâce à la civilisation moderne. Il y a dix-neuf os dans le pied, et la perturbation d'un ou de plusieurs d'entre eux servira à bouleverser le pied tout entier en perturbant l'unité générale de travail dévolue à l'ensemble des articulations et des os. Chaque articulation a son accompagnement de muscles, et chaque défaut d'alignement des os et des articulations provoque des discordes et un manque d'harmonie dans l'action musculaire.

Les muscles sont attachés aux os et, par leur contraction ou leur extension, les os sont déplacés. Très peu de mouvements sont effectués au moyen d'un seul muscle. Les muscles du pied sont dans presque tous les cas en combinaison et leur action est si complexe que les meilleurs chirurgiens ont du mal à les décrire d'une manière satisfaisante.

Les principales caractéristiques du pied sont sa ressort et son élasticité. Si le pied possède de merveilleux pouvoirs de résistance et d'adaptabilité, il est du devoir du cordonnier de ne pas forcer autant, mais de pourvoir à chaque action.

La partie la plus sensible ou la plus susceptible de se blesser est le gros orteil. Cela tient à ce que la tendance du pied, en marchant, est de se diriger vers le bout de la botte, et en un mot de se presser plutôt que de fuir le danger. Le cordonnier y parvient, d'une part, en permettant à une longueur suffisante de semelle de s'étendre au-delà de l'extrémité de l'orteil, et, d'autre part, par l'ajustement de la tige et la préparation de la semelle. De cette façon, si le bout de la chaussure heurte une substance dure, le gros orteil du pied restera intact.

Soixante-quinze pour cent des gens ont plus ou moins de problèmes aux pieds. Certains de ces problèmes sont causés par le fabricant qui met sur le marché des chaussures dont les lignes sont belles et attrayantes à l'œil, mais qui manquent d'autres caractéristiques intéressantes. Les chaussures bien ajustées doivent avoir suffisamment d'espace entre l'articulation du gros orteil et l'extrémité des orteils, et doivent également avoir beaucoup de bande de roulement, surtout à ce stade.

Un simple coup d'œil à notre pied nu montrera de manière concluante que les bottes à bout pointu sont fausses dans la théorie du design. Les orteils d'un pied en dehors du service se touchent doucement. Lorsqu'on les sollicite pour nous aider à marcher ou à soutenir notre corps, ils se dispersent, mais pas dans une grande mesure. Ceci étant donc l'action, aucun fabricant sensé de bottes et de chaussures ne tenterait de les restreindre. Les chaussures box ou bouffantes permettent la plus grande liberté.

Les chaussures à bout pointu, qui relient l'empeigne à la tige immédiatement au-dessus de l'articulation du gros orteil, les talons extrêmement hauts et les chaussures à taille épaisse ne sont pas dans le meilleur intérêt du pied.

Les maux liés aux chaussures mal ajustées sont les cors, les oignons et les callosités.

Les cors sont principalement dus à la pression et au frottement. Lorsque les couches de peau durcissent, elles forment un cor, qui n'est qu'une excroissance de peau morte devenue dure au centre. Cette tache durcie agit comme un corps étranger pour les parties enflammées.

Un maïs dur se forme davantage par friction que par pression. Il est produit par le frottement constant d'une chaussure serrée ou petite contre les parties saillantes d'une partie osseuse saillante, comme les dernières articulations du troisième, du quatrième et du petit orteil. Lorsque cette action se poursuit, elle produit une inflammation. Le repos, en soulageant les pieds des frottements, diminue cette inflammation, laissant une couche de chair durcie. L'action renouvelée reproduit les mêmes effets, laissant derrière elle une deuxième couche de chair durcie. Cette action et cette réaction continues provoquent l'apparition d'une callosité s'élevant au dessous de la surface de la peau. Celui-ci augmente à partir de sa base. Un maïs dur ordinaire peut être enlevé en grattant la peau calleuse autour de sa bordure et en la retirant soigneusement avec un couteau. Les cors mous sont principalement le résultat d'une pression ou d'un frottement. Ces cors sont des élévations molles et spongieuses sur les parties de la peau soumises à une pression. Les cors mous se trouvent principalement sur la face interne des petits orteils. Ceux qui se trouvent à la surface des joints par action mécanique deviendront durs.

Le maïs sanguin est excessivement douloureux. C'est le résultat d'un maïs ordinaire qui déplace de force les vaisseaux sanguins qui l'entourent et les fait reposer à sa surface.

L'oignon est une tuméfaction inflammatoire que l'on retrouve généralement au niveau de l'articulation du gros orteil. On sait que la principale cause des oignons est le port de bottes ou de chaussures de longueur insuffisante. Le pied, rencontrant une résistance devant et derrière, est privé de ses actions naturelles, le résultat étant que le gros orteil est poussé vers le haut et soumis à une friction et une pression continues. Le port de bottes à bout étroit qui empêchent l'expansion de l'orteil vers l'extérieur est une autre cause.

Les comparaisons de quantités sont souvent appelées ratios. Les rapports entre les différentes parties du pied et la taille sont différents chez le nourrisson et chez l'adulte. Entre ces deux périodes, les ratios évoluent constamment.

Il existe deux séries de pointures sur le marché ; la plus petite pointure de chaussure pour nourrissons (taille n° 1) mesure, ou était à l'origine, quatre pouces de long ; chaque taille réelle ajoutée indique une augmentation de longueur d'un tiers de pouce (tailles 1 à 5). Les tailles pour enfants sont réparties en deux séries, 5 à 8 et 8 à 11 ; puis ils se divisent en jeunes et en jeunes filles ; les deux fonctionnant en 11½, 12, 12½, 13, 13½ et de nouveau à 1, 1½, 2, etc., dans une série de tailles qui s'étendent aux hommes et aux femmes. Les chaussures pour garçons vont du 2½ au 5½ ; hommes de 6 à 11 ans en courses régulières. Les plus grandes tailles sont généralement fabriquées sur commandes spéciales. Certains fabricants vont jusqu'à 12. Les pointures pour femmes vont de 2½ à 9. Certains fabricants ne dépassent pas la taille 8. Le tarif des tailles varie parfois selon les fabricants de gammes spéciales de chaussures. La chaussure n°8 d'un homme mesurerait près de onze pouces de long. Ces mesures sont originaires d'Angleterre et ne sont plus absolues aujourd'hui.

On utilise un système de tailles françaises qui consiste en un système chiffré de marquages pour indiquer les tailles ainsi que les largeurs afin que la taille réelle ne soit pas connue du client.

Tous les pieds ne se ressemblent pas en termes de structure et de forme. Dans la petite enfance, le pied est large au niveau des orteils, qui poussent vers l'avant dans le sens de leur longueur. Le talon est petit par rapport à la largeur des orteils, et également court en raison des os sous-développés. Mais au cours de la croissance, l'épaisseur au-dessus des os du talon disparaît, et le talon lui-même devient plus épais et prend la beauté de la perfection à maturité. Ce développement est dû à la croissance des os qui doivent être bien exercés et correctement soignés pendant cette période. Les différentes parties des pieds et des jambes ne mûrissent pas au même rythme : celles de la partie supérieure du corps augmentent plus rapidement que les parties inférieures. Les cuisses se développent en premier, puis la partie supérieure des jambes et enfin les pieds.

Le pied adulte, lorsqu'il est correctement formé, est droit du talon aux orteils sur la face interne et est plus large au niveau des articulations qu'un pouce ou plus en arrière. La manière de marcher a une influence considérable sur le caractère et le développement du pied.

Il existe de nombreuses sortes de pieds, qui sont dus à un certain nombre de causes, telles que les habitudes, le climat, la profession, la localité, etc. En règle générale, nous pouvons diviser les pieds en quatre classes : Pieds osseux – ceux avec très peu de chair sur eux; les pieds durs, ceux qui ont beaucoup de chair, mais qui sont presque aussi durs qu'une pierre ; pieds gras, dodus, avec beaucoup de chair, mais peu de forme ; pieds spongieux - ceux qui semblent ne pas avoir d'os, que l'on trouve généralement chez le sexe féminin.

Les caractéristiques d'un pied sont communes avec le corps auquel il est relié. Certaines personnes ont une charpente osseuse solide, avec des muscles forts et fermes, des os et des muscles proéminents et une chair dure. Les pieds de ce type de personne sont généralement longs, osseux et cambrés, avec une articulation du gros orteil bien développée. Les mesures du talon sont grandes en proportion. Le pied mou est répandu chez les Écossais. Les pieds d'une personne de forme délicate, avec une petite silhouette et des muscles fins, petits et effilés, sont généralement minces et finement formés, ce qui témoigne de leur rapidité. Ce type de pied chez l'homme a tendance à développer un pied plat.

Une personne avec une forme encline à l'embonpoint, pleine d'exercice et d'activité, et avec une bonne circulation, a un pied bien développé. Le talon est rond et assez proéminent, bien qu'il n'y ait pas de protubérances osseuses particulières. Au contraire, une personne ayant un corps généralement rond, mais avec des tissus et des muscles flasques et une circulation sanguine languissante, a les pieds courts, mous et flasques.

Nous admettons que ces quatre types de pieds différents mesurent tous une taille 4 et un D en largeur. On pourrait naturellement penser qu'une chaussure de même pointure conviendrait à tous, mais ce n'est pas le cas. Cette chaussure de taille ne convient qu'à un seul et c'est le pied osseux. Les pieds durs nécessitent une largeur C½ ; les gros pieds nécessitent une largeur C et les pieds en éponge nécessitent une largeur B.

La même forme peut , et possèdera souvent, une légère variation d'une manière ou d'une autre. L'ajusteur de pieds doit connaître le stock de chaque paire et connaître intimement les particularités de chaque forme et les lignes intérieures de chaque paire de chaussures avant d'essayer de les essayer sur les pieds du client.

Différentes marques de chaussures sont susceptibles d'être fabriquées selon un système de mesures légèrement variable. Une ligne de chaussures réalisée sur une petite mesure peut être plus longue ou plus courte ou plus étroite ou plus large qu'une autre ligne. Les mesures du talon nécessitent une étude minutieuse pour chaque ligne introduite. Les particularités de chaque ligne doivent être testées avec un ruban et un mètre, et le foot fitter doit avoir de solides connaissances dans ce domaine.

Nous devons mesurer le pied avec le bâton si nécessaire, et noter la taille et la largeur qui seront susceptibles de prouver un ajustement. La hauteur de la voûte plantaire doit être prise en compte, ainsi que la forme de la courbe de la voûte plantaire, la forme du cou-de-pied et le contour général du pied. Un pied normal montrera une voûte plantaire d'environ un demi-pouce. Le pied moyen portera un talon d'un pouce à un pouce et quart, sans exercer de pression sur aucune des articulations du pied. Certains pieds en diffèrent considérablement. Un pied est un peu plus long en marchant qu'au repos. Lors de l'utilisation du bâton de mesure, il faut tenir compte de ce que le pied dessine réellement sur le bâton. Dans les chaussures pour hommes, la tolérance doit être comprise entre deux et deux pointures et demie .

Lorsqu'un unijambiste achète une chaussure, le revendeur envoie à l'usine une chaussure correspondant à celle qui lui reste. À l'heure où l'on utilise des machines dans chaque processus de fabrication, les chaussures sont fabriquées avec la plus grande exactitude et précision, et il est facilement possible d'associer la chaussure restante avec la plus grande précision en termes de taille, de style, de matériau et de finition.

Peu de gens ont des pieds exactement pareils ; généralement, le pied gauche est plus grand que le droit, de sorte qu'une chaussure peut être un peu plus ajustée que l'autre. Cependant, les gens achètent généralement des chaussures par paires régulièrement assorties, la différence entre leurs pieds, si elle est perceptible, ne suffit pas à rendre une autre solution souhaitable.

Mais il y a des gens qui achètent des chaussures de différentes tailles ou largeurs, auquel cas le marchand leur casse deux paires, leur donnant, pour s'adapter à leurs pieds, une chaussure de chacune. Dans de tels cas, le revendeur associe les deux chaussures restantes, une de chacune des deux paires, comme il le ferait s'il avait cassé une paire pour vendre une chaussure à un unijambiste.

Mais il n'est pas nécessaire qu'un homme soit unijambiste ni qu'il ait des pieds de tailles ou de formes inégales pour qu'il demande au marchand de lui casser une paire de chaussures. Un homme avec deux pieds en parfait état entra dans le magasin où il avait l'habitude d'acheter et voulait une chaussure. Alors qu'il voyageait dans une voiture-lits, ses chaussures avaient été confondues avec d'autres et il en avait récupéré une des siennes et une de quelqu'un d'autre ; un fait qu'il n'avait découvert que lorsqu'il était trop loin du train et de la gare pour arranger les choses. Il est donc venu acheter une chaussure assortie à la sienne.

CHAPITRE CINQ
COMMENT SONT FABRIQUÉS LES STYLES DE CHAUSSURES

Si vous examinez les chaussures portées par les habitants d'une grande ville, vous remarquerez différents styles. Les styles de chaussures que l'on qualifiait de grotesques il y a quelques saisons sont relativement courants aujourd'hui, car les nouveaux modèles de chaussures pour femmes que fabriquent actuellement les fabricants sont les plus variés qui aient jamais été mis sur le marché. Le rose, le vert et le bleu font partie des nouvelles couleurs des matériaux pour chaussures.

Certains des styles des saisons à venir sont plus somptueux que ce que l'on a vu jusqu'ici dans le commerce de la chaussure pour femmes en Amérique. Les bottes en velours violet Coronation ressemblent à une couleur extravagante pour les chaussures, mais elles se vendent maintenant. Des échantillons de chaussures roses, vertes et bleues, bottes et escarpins, sont en cours de confection et seront bientôt proposés aux acheteurs.

Le style de la chaussure est dominé par la mode. Tous les styles sont liés, c'est-à-dire que chaque partie de notre tenue vestimentaire est influencée par la mode dominante, les idées de couleur, de tissu ou les contours du vêtement. Pour illustrer : lorsque les jupes courtes sont stylées, les femmes portent des chaussures masculines pour s'harmoniser avec elles ; par contre, avec des jupes longues, elles doivent avoir une chaussure soignée et petite, d'où l'empeigne courte. Lorsque les femmes portent du blanc en été, les chaussures en toile fraîches deviennent populaires ; lorsque des matériaux vestimentaires gris et bleus doivent être utilisés, une variété de chaussures beiges sont portées pour harmoniser, etc.

Une fois le style décidé, il faut en élaborer une reproduction exacte. Un modéliste expert, appelé formiste, réalise une forme, un modèle en bois de la chaussure. Pour ce faire, il est nécessaire d'établir certains plans ou spécifications pour les coordonnées du fabricant de la chaussure.

Certaines parties de tous les pieds ont des mesures fixes. Pour illustrer : la longueur de la tige, la partie de la plante du pied située entre le talon et la balle, dans le pied de chaque personne, est toujours la même. La partie du pied située à l'arrière de la rotule ou de l'articulation du gros orteil est conforme à certaines mesures fixes. Ces mesures précises constituent une base sur laquelle le fabricant de formes crée de nouveaux styles en raccourcissant, allongeant, élargissant ou rétrécissant l'espace devant les orteils, mais en conservant toujours les mesures vraies et fixes de la partie arrière de la forme.

Lorsque le créateur de formes désire produire un nouveau style, il prend une forme ancienne et y colle des morceaux de cuir sur certaines parties (avant des orteils), il le reconstitue et coupe d'autres parties. Cette forme rapiécée est amenée à une machine spéciale (tour), où un certain nombre de copies sont tournées à partir d'un bloc de bois.

Le « modéliste » est l'homme de l'usine qui réalise des patrons, constitués de lourds morceaux de carton liés de laiton, aux formes des différentes pièces de cuir nécessaires à la constitution de la partie supérieure de la chaussure.

Le modéliste a constaté par expérience que la partie supérieure de la chaussure est également conforme à certaines mesures fixes, et en travaillant en sympathie avec le dernier modéliste, il lui suffit de changer la partie avant de l'empeigne pour faire ressortir les idées de ce dernier. Avec ces mesures comme base, il propose de temps en temps des hauts de styles différents, comme des boutons, des dentelles, des bluchers, des fixations, des volutes, des bretelles, des liens, des escarpins, etc. C'est ainsi que naissent les nouveaux hauts de style.

Après que le fabricant a approuvé les échantillons de modèles, le modéliste reçoit une commande pour une certaine quantité de modèles à réaliser sur une certaine forme qui lui est soumise. En travaillant sur les mesures du plateau fixe et sur celles qui lui sont soumises comme base, le modéliste dessine les plans d'un patron modèle. La taille standard d'un patron de modèle est la taille 7 pour les chaussures pour hommes et la taille 4 pour les chaussures pour femmes . Il reçoit également une commande pour un certain nombre de largeurs ; par exemple B, C, D et E, et il dessine sur papier un ensemble complet pour chaque largeur de la taille 7. Ces quatre ensembles de modèles sont reproduits et découpés à la main dans de la tôle. Mais à partir de ces feuilles, un nombre illimité de modèles en fer et des motifs en carton régulier de toutes tailles peuvent être reproduits par une machine.

Le bois destiné à la fabrication de formes arrive aux fabricants de chaussures sous une forme brute et non ciselée. Les formes sont en bois d'érable ; les formes creuses utilisées par les vendeurs ambulants et les taille-vitres sont en bois de tilleul.

La réalisation du modèle de cette dernière est l'opération la plus exigeante en usine. Il est produit par une machine des plus importantes. Le principe de cette machine a été réalisé par le pantographe ; c'est-à-dire qu'il transformera à partir d'un bloc de bois brut une copie exacte du modèle dernier ; ou bien il agrandira ou réduira un double de toute autre taille ou largeur, ainsi, à partir d'un seul modèle de forme, tel que celui choisi par le fabricant, n'importe quel nombre de formes peut être fabriqué, et de n'importe quelle taille ou largeur. La machine elle-même se compose de deux tours. Sur l'un est placé le modèle et sur l'autre le bloc de bois. Le modèle est maintenu contre une roue par un ressort. En ajustant cette roue, n'importe quelle largeur de forme souhaitée peut être obtenue, et en ajustant une barre devant la machine, n'importe quelle longueur de forme peut être produite à partir du bloc de bois.

Bloc d'érable brut non ciselé.

Un dernier après avoir quitté Turning Lathe.

Un dernier fini.

Le tour, lorsqu'il est en mouvement, fait tourner à la fois la forme et le modèle, le modèle étant pressé contre la roue, qui est en réalité un guide pour le couteau rotatif qui creuse dans le bloc de bois et règle la profondeur à laquelle le couteau est autorisé à pénétrer. couper. De cette manière, le modèle est reproduit à partir du bloc dont la taille et la largeur sont également réglées par la roue et par la barre. Cette machine est si précise qu'une punaise enfoncée dans le modèle pour localiser le centre de la forme est reproduite par une sorte de bouton en bois dans le bloc de bois une fois terminé. Le modèle de semelle est maintenant essayé sur la forme semi-finie pour garantir l'exactitude.

Remarquez sur les figures des formes que le tour à tourner a laissé des bouts de bois sur les pointes et les talons. Ceux-ci doivent être terminés en « temple ». Le modèle est une mesure ou un guide utilisé pour indiquer la forme que toute œuvre doit prendre une fois terminée. À partir du talon et de la pointe du modèle, un morceau de fer est façonné sur un arc exact de ce modèle et est utilisé sur la machine à talonner comme guide pour former une copie exacte des talons et des pointes du modèle. Cette machine fonctionne très rapidement et, à l'aide d'un couteau rotatif de forme irrégulière, elle transforme rapidement les orteils et les talons à la forme souhaitée. Les bas sont à nouveau essayés sur un modèle de semelle et le dernier numéro, la taille et la largeur sont tamponnés.

Nous avons maintenant le dernier sous forme d'un morceau de bois d'érable massif et tourné à la forme, à la taille et à la largeur souhaitées. S'il était possible d'insérer et d'extraire la forme sous cette forme de la chaussure semi-finie, aucune autre étape ne serait nécessaire dans la fabrication de la forme, mais dans la mesure où le cuir est tendu très étroitement sur cette dernière un peu plus tard, cela nécessite l'introduction d'une méthode qui facilitera un retrait rapide de la forme de la chaussure. Ceci est accompli en le coupant en deux parties et en réalisant un talon articulé. Le fait que la moindre mesure change la pointure de la chaussure nécessite un grand soin dans l'introduction de la charnière comme partie de la forme, et afin d' assurer l'exactitude et l'uniformité de toutes les formes, elles sont marquées de gabarits et de goujons. La charnière doit être placée à l'intérieur de la forme.

La forme finie est construite de telle sorte qu'elle peut être facilement insérée ou retirée de la chaussure, et la charnière solide confère à la forme, une fois insérée, les mêmes qualités rigides que si elle était d'une seule pièce. Le centre de la forme est indiqué, comme indiqué précédemment, par une reproduction sur le côté de la forme de l'amure placée dans le modèle. C'est la marque qui localise la position de tous les trous, et cela se fait par un « gig » de la manière suivante : -

Un gig est une pièce d'acier comportant des cylindres qui guident le foret de l'aléseuse dans une ligne perpendiculaire exacte. Ce gigot, étant placé sur le dernier dans la position marquée par le tour, constitue l'emplacement précis des trous de boulons qui maintiennent la charnière.

Une fois la charnière placée dans la forme, elle est envoyée aux repasseuses pour y faire poser le bas, s'il s'agit d'une forme McKay, et une plaque de talon s'il s'agit d'une trépointe. Le fond est à nouveau essayé et l'assiette est remplie de la même manière. Ce dernier est alors prêt à partir en salle de récurage. Dans cette salle, ce dernier subit trois opérations, dont la première est la coupe. Cela consiste à récurer avec un quartz grossier. Cette opération doit être effectuée de manière à ce que les lignes de semelle et les cou-de-pied ne soient pas mis en contact avec le quartz.

La seconde opération, le broyage moyen, se fait avec un quartz de qualité fine, et dans cette opération également, l'ouvrier se tient à l'écart de la pointe. La troisième opération se fait avec un quartz de qualité beaucoup plus fine, l'opérateur parcourant toute la dernière. Le dernier est maintenant prêt à être poli, puis à passer une épaisse couche de gomme-laque. Il est poli et ciré sur un tour en cuir. Ensuite, il entre dans la salle d'expédition, prêt à être expédié au fabricant.

CHAPITRE SIX
DÉPARTEMENTS D'UNE USINE DE CHAUSSURES - CHAUSSURES GOODYEAR WELT

Les principales méthodes de fabrication des chaussures sont les suivantes :

Trépointe Goodyear ; McKay ; tourné; vis standard; rattaché; cloué.

La manière la plus simple et la plus claire de montrer comment sont fabriquées les différentes sortes de chaussures est d'expliquer la fabrication d'une trépointe Goodyear et de faire ensuite ressortir les points sur lesquels cette méthode de fabrication de chaussures diffère des autres.

Les chaussures sont fabriquées dans des usines modernes, employant des centaines d'ouvriers. L'usine de chaussures moderne d'aujourd'hui est divisée en six départements généraux : le département du cuir pour semelles, le département du cuir supérieur, le département de couture, le département de fabrication, le département de finition et les départements d'arborescence, d'emballage et d'expédition.

Dans certaines régions du pays, plusieurs de ces départements sont souvent désignés sous d'autres noms. Le département de couture est souvent appelé département d'essayage ; le département de fabrication, le département de fondage ; et le département cuir semelle, le département ajustage. Les départements sont communément appelés salles par souci de concision.

Une usine de chaussures est conçue de manière à avoir une largeur d'environ cinquante pieds pour chaque pièce, tandis que la longueur est fonction du nombre de chaussures à produire. Une largeur d'une cinquantaine de pieds donne beaucoup de lumière du jour et un espace suffisant au centre de chaque département, ce qui est très essentiel en cordonnerie.

Une usine de chaussures moderne.

Les usines de chaussures mesurent généralement environ deux cents pieds de long, tandis que beaucoup mesurent près de quatre cents pieds. Quelques-uns dépassent quatre cents pieds et s'étendent jusqu'à huit cents pieds. Certains sont construits en forme de carrés creux, tandis que d'autres sont dotés d'ailes ajoutées, ce qui donne presque autant d'espace au sol que le bâtiment d'origine.

Une usine moyenne compte généralement quatre étages. Le premier étage, ou sous-sol, est occupé par l'unique rayon cuir. L'étage supérieur comprend les services d'arborescence, de finition, d'emballage et d'expédition, ainsi que le bureau. Le troisième étage est entièrement consacré au département de confection ou de fondage. Le dernier étage est divisé de manière à ce que les départements de découpe et de couture disposent chacun d'un demi-étage.

Il existe plusieurs usines extrêmement grandes dans ce pays qui trouvent avantageux de diviser l'usine en plusieurs départements, comme, par exemple, la salle de coupe est divisée de manière à ce que les doublures et les passementeries soient coupées dans un département séparé. Le skiving peut également être effectué dans une pièce séparée. La salle de fabrication sera divisée de manière à ce que la fabrication soit considérée comme un département distinct en raison du grand nombre d'ouvriers et de machines employés. De la même manière, il y aura une division du travail de manière à ce que l'emballage et l'expédition soient séparés de l'arborescence. Là encore, dans l'atelier de maroquinerie, la confection des talons ainsi que l'essayage des semelles peuvent devenir des départements indépendants.

Le système de fabrication des chaussures pour femmes est pratiquement le même que celui des chaussures pour hommes, sauf que dans un grand nombre d'usines, la méthode de préparation du bas est quelque peu différente. La plupart des fabricants de chaussures pour femmes ne coupent pas le cuir des semelles, mais achètent des semelles extérieures, des semelles intérieures, des contreforts et des talons, tous coupés ou préparés. Ces semelles sont sous forme bloquée et suffisamment grandes pour pouvoir être coupées ou arrondies par les fabricants pour s'adapter à leurs formes. Les contreforts, une fois achetés, sont tous prêts à être mis en place, tandis que les talons sont prêts à enfiler les chaussures. Chaque fois qu'un fabricant de chaussures pour femmes coupe le cuir de ses semelles, il applique le même système que celui des usines pour hommes.

Dans les usines de femmes où le cuir des semelles n'est pas coupé, elles ne disposent pas d'un département complet de cuir des semelles. Au lieu de cela, ils disposent de ce qu'on appelle un service d'ajustage des stocks. Il existe dans le commerce des entreprises indépendantes de fabrication de semelles coupées, etc., qui fournissent les semelles aux fabricants. Le même système d'achat de fournitures s'applique également à de nombreuses autres parties de la chaussure, comme la partie supérieure, la demi-semelle , la trépointe, le rebord, etc. Dans le département du cuir supérieur, les fabricants de chaussures pour hommes et pour femmes achètent souvent des passementeries et d'autres pièces. du dessus tout préparé.

Une grande partie des fabricants de chaussures pour hommes achètent désormais des talons entièrement confectionnés, tandis que neuf dixièmes d'entre eux achètent des talons entièrement moulés. Les semelles et autres pièces nécessaires à une chaussure sont présentées dans différentes qualités et qualités, et un fabricant peut acheter n'importe quelle qualité de semelle qu'il souhaite, de sorte qu'il est considéré comme un avantage d'acheter certaines pièces au lieu de les couper. Dans un côté de cuir à semelle, il existe au moins vingt-cinq qualités et qualités différentes de semelles, et très peu de fabricants, en particulier dans le commerce des femmes, peuvent utiliser toutes ces qualités. Plus un fabricant de chaussures produit une grande variété de chaussures, plus il lui est avantageux de couper lui-même le cuir de ses semelles et de préparer toutes les pièces dans sa propre usine.

Dans ce pays, le nombre d'usines spécialisées dans le commerce de la chaussure semble diminuer chaque année et le nombre moyen d'usines s'agrandir. On estime qu'il existe actuellement au total quelque quinze cents usines. Ceux-ci vont du plus petit produit au plus grand. On peut dire qu'une usine moyenne produit environ douze cents paires de chaussures par jour. Beaucoup produisent cinq mille paires par jour, tandis que quelques fabricants en produisent dix mille paires ou plus. Plusieurs fabricants et entreprises possèdent une demi-douzaine d'usines ou plus et produisent au total entre vingt mille et trente mille paires de chaussures par jour. Il n'existe pas de trust ni de monopole d'aucune sorte dans ce commerce, et il n'y en a jamais eu jusqu'à présent.

Dans toutes les usines et dans toutes les classes de travail, le « cas » a toujours été constitué d'un tel nombre de paires qu'il peut être divisé par douze dans chaque cas. Une caisse peut contenir douze, vingt-quatre, trente-six, quarante-huit, soixante ou soixante-douze paires, et dans le travail des enfants, elle est souvent de soixante et soixante-douze paires. Tous les cas de ces nombres sont des cas réguliers, alors que tout autre nombre serait hors du commun. Bien entendu, une caisse de chaussures peut contenir n'importe quel nombre de paires, mais les numéros indiqués ci-dessus ont toujours été utilisés dans le cadre du travail régulier.

Les étuis de chaussures peuvent différer, mais chaque paire de chaussures doit être exactement identique. Toutes les chaussures sont fabriquées dans des étuis, sauf en cas de travail sur mesure ou de commandes ou d'échantillons de paires uniques. Dans la fabrication de chaussures lourdes pour hommes ou de chaussures de travail, la caisse régulière était autrefois de soixante ou trente-six paires, mais la tendance a été ces derniers temps d'avoir une caisse standard de vingt-quatre paires. Dans le commerce fin masculin, la caisse régulière est de vingt-quatre paires, tandis que chez les femmes, elle est de trente-six paires. Les bottes longues pour hommes ont toujours été fabriquées en caisses de douze paires.

Les marchandises sont vendues par échantillons, envoyés avec le voyageur de commerce. Dès qu'il reçoit une commande, il l'envoie au bureau principal. Ici, les commandes sont subdivisées et envoyées aux usines fabriquant les marchandises. Par exemple, une commande de soixante-quinze douzaines de chaussures pour hommes d'un certain style reçue par le bureau principal du voyageur de commerce serait envoyée à l'usine sous la forme d'une commande dactylographiée, couvrant la description générale et les tailles écrites dans le bon format. formulaire, pour chaque cas, est réalisé selon les spécifications figurant sur les étiquettes établies au bureau. Ces étiquettes précisent la semelle, le talon, la tige, le type et la qualité, le mode de couture, le dernier à utiliser, le niveau de finition, d'arbre et d'emballage. Tout est clairement indiqué sur les étiquettes afin qu'un acheteur puisse faire fabriquer n'importe quelle chaussure comme il le souhaite.

Cette commande serait envoyée du bureau de l'usine à la salle de découpe, où un employé établirait vingt-cinq longs tickets.

Vingt-cinq sont fabriqués parce que les chaussures passent par l'usine par lots de vingt-quatre paires, chaque lot étant appelé un travail et une fois terminé, une caisse de chaussures. Le ticket long est réalisé en double exemplaire et est perforé pour pouvoir être attaché à un grand nombre de chaussures. Les deux parties des tickets sont conçues pour contenir les différentes opérations avec les spécifications détaillées. La partie inférieure est envoyée au stock ou atelier de maroquinerie, tandis que la partie supérieure reste avec les tiges qui sont découpées en atelier de découpe. Alors que chaque partie du ticket est acheminée par un itinéraire différent à travers l'usine, elles se retrouvent finalement sous la forme de chaussures finies.

Outre le ticket long déjà décrit, deux autres tickets sont établis, le ticket haut et le ticket trimmer. Le premier ticket est envoyé aux bacs à cuir de l'usine, où le trieur connaît par expérience exactement la quantité de cuir nécessaire pour découper la commande, en veillant à ce que tout soit de qualité uniforme et exempt de défauts. Il roule le cuir en fagot, attache le ticket et l'envoie au coupeur.

Dans la salle de découpe, il existe trois classes de coupeurs ; coupeur de passementerie, qui coupe les baleines, les parementures, les baleines arrière, les languettes, etc.; coupeur extérieur, qui coupe les quartiers, les empeignes, les dessus, les pointes, etc.; et le coupeur de doublure, qui coupe les doublures en tissu.

Une peau de neuf pieds et demi divisée au mieux avant la coupe

Les peaux de cuir sont reçues dans l'usine de chaussures sous différentes formes. Certains sont parfaits, d'autres présentent des imperfections ou des taches imparfaites. Les peaux qui doivent être utilisées pour le stock supérieur sont soigneusement classées par deux ou trois hommes, quant à la qualité du cuir et au poids. Ceci est nécessaire pour être sûr qu'un grand nombre de chaussures fabriquées pour un certain revendeur seront uniformes. En raison du cuir se présentant sous des formes différentes, certaines peaux parfaites, d'autres ayant des taches imparfaites, le tailleur doit placer ses patrons de telle manière que certaines parties de la chaussure utiliseront toutes les parties parfaites, et d'autres, moins importantes, être composé des parties les plus faibles de la peau. Cela explique pourquoi on trouve parfois la partie supérieure intérieure d'une chaussure en cuir de flanc , tandis que l'empeigne est faite d'une meilleure qualité.

Il existe un modèle pour chaque pointure de chaussure et chaque morceau de cuir est découpé séparément sur un bloc de bois. Rien n'est gaspillé. Afin de rendre chaque coupeur le plus efficace possible, les coupeurs sont divisés, de manière à avoir un coupeur différent pour chaque qualité de cuir. Ils deviennent ainsi de meilleurs juges du cuir.

Les coupe-doublures utilisent des gabarits et des couteaux pour le perçage. Le parement est découpé au couteau et à patron. Les baleines latérales et la languette sont découpées par des matrices.

Une fois que le cuir a été découpé selon la forme souhaitée, tiges, empeignes, bouts, renforts arrière, renforts de lacets, etc., en coupant parfois dix morceaux, et pour certains styles de chaussures jusqu'à quatorze pièces, les coupeurs prennent soin de gardez les pièces d'une même chaussure ensemble, en les faisant correspondre et en les marquant afin qu'elles finissent toutes par se retrouver dans la chaussure.

Les machines sont désormais utilisées dans presque toutes les opérations et chaque année, plusieurs nouvelles machines font leur apparition. Il y a quatre ou cinq ans, la découpe des tiges était réalisée par un opérateur coupant le cuir en passant le couteau le long du motif. Aujourd'hui, ils utilisent une machine de découpe et des matrices pour découper les tiges dans presque toutes les usines. Cette machine à découper est appelée « machine à cliquer » et elle est considérée comme une économie de travail dans un département où l'opinion universelle était que les machines ne pourraient jamais être utilisées.

Il est impossible de donner une liste de toutes les opérations effectuées et de la rendre complète. Mais on peut donner une bonne idée générale du système ainsi que du nom et de la signification des principales opérations dans les différents départements. Il ne faut pas oublier que les méthodes utilisées dans les pièces diffèrent et que pratiquement aucune usine ne fabrique une chaussure exactement de la même manière. Le système général et le plan sont les mêmes partout et les machines sont les mêmes dans toutes les usines, mais les détails et les opérations mineures sont si nombreux qu'il y a de nombreuses possibilités de variation.

La fonction de la machine à cliquer est de couper le cuir supérieur dans les formes souhaitées. Il se compose d'un cadre en fer surmonté d'une planche à découper. Au-dessus se trouve une grande poutre qui peut être basculée vers la droite ou la gauche de n'importe quelle partie de la planche. La peau à découper, qui peut être de toute nature, est posée sur la planche et une matrice du dessin ou de la forme du cuir désirée est posée dessus. La poignée de la poutre oscillante est saisie par l'opérateur et déplacée sur la filière ; puis, par pression de la poignée, la poutre est amenée vers le bas, enfonçant la matrice à travers le cuir. Dès que cela est fait, la poutre revient automatiquement à sa pleine hauteur.

Ces matrices sont fabriquées dans différents modèles et tailles pour s'adapter aux différentes tailles et designs de la partie supérieure de la chaussure. Une matrice pour chaque modèle et taille. Ils marquent l'empeigne pour l'emplacement de l'embout et des renforts blucher ainsi que la taille au moyen d'entailles dans le bord de la pièce découpée. Les matrices mesurent environ trois quarts de pouce de hauteur et sont si légères qu'elles n'abîment pas le cuir le plus délicat.

Couper le cuir au moyen d'un patron et d'un couteau. *Page 118.*

Coutures Goodyear.

Machine qui coud le pourtour de la trépointe et la relie à la semelle exactement au niveau du talon. *Page 119.*

Après que le coupeur extérieur a coupé la peau en morceaux pour constituer le soulier, ceux-ci sont liés en paquets séparés, c'est-à-dire les vingt-quatre pointes dans un paquet, vingt-quatre paires d'empeignes dans un autre. Ceux-ci sont remis aux filles qui marquent les tailles sur le bord et les font correspondre, c'est-à-dire veillent à ce que chaque tige soit exactement comme la partenaire.

Après que les différentes parties ont été découpées par l'opérateur de la machine à cliqueter ou à la main, les bords du cuir supérieur, qui apparaissent dans la chaussure finie, doivent être amincis (en biseautés) par une « machine à skiver » jusqu'à obtenir un bord biseauté. Ceci est fait afin que les bords du cuir qui doivent apparaître dans la chaussure terminée puissent être pliés pour donner un aspect plus fini. Les machines sont exploitées par des filles ; chacun est un expert sur une pièce en particulier.

Le numéro de commande et la taille de la chaussure sont gravés sur la doublure supérieure de chaque chaussure. Une fois que toutes les doublures ont été préparées, selon les données indiquées sur la fiche d'instructions attachée aux pièces de la chaussure, les pièces sont envoyées au département de couture, où les couturières sur une multitude de machines cousent toutes les différentes pièces ensemble très rapidement et avec précision. .

Les embouts reçoivent ensuite une série de perforations ornementales le long du bord. Cela se fait soit par une « presse à pointe électrique », soit par une « machine à perforer ». La première consiste en une série de matrices placées dans une machine par lesquelles le cuir est perforé selon les dessins souhaités. Chaque série de matrices représente un design différent.

La machine à perforer ressemble à une machine à coudre, mais au lieu d'une série de matrices, celle de cette machine est constituée de matrices simples ou combinées qui font un ou plusieurs trous à chaque mouvement vers le bas. La machine avance automatiquement et effectue le travail avec une grande précision. L'outil de coupe ne s'émousse pas en appuyant contre une bande de papier. L'ornementation sur d'autres parties des chaussures, telles que les bords des empeignes, etc., est réalisée par cette machine.

Avant de rejoindre la salle de couture, chaque paquet est examiné par des trieurs. Les trieurs sont divisés et subdivisés ; c'est-à-dire qu'un homme trie toujours les pointes, un autre les vamps, etc. Ils examinent chaque pièce pour déceler ses imperfections, et si l'on en trouve, la pièce est jetée et une nouvelle est mise en place. La dernière opération est l'assemblage des pièces. Ici, chaque travail de vingt-quatre paires est rassemblé et solidement lié et numéroté.

Ce département de couture est généralement employé par des femmes, bien que ces dernières années, davantage d'hommes soient utilisés pour faire fonctionner les machines, en particulier pour le vamping ou d'autres pièces lourdes. Dans certaines régions du pays, on l'appelle cabine d'essayage. Le travail du département consiste à coudre les différentes parties de la tige ensemble, afin qu'elle soit prête à enfiler la forme. Les termes utilisés désignent dans la plupart des cas la couture de la partie nommée au reste de la tige. Il existe de très nombreuses opérations dans le département dont plusieurs sont citées ci-dessous, accompagnées de leur signification.

Les fagots de pièces issus de la salle de découpe sont déposés sur la table, où ils sont subdivisés en trois parties, les doublures, les dessus, les empeignes et les pointes.

Les doublures du dessus des chaussures sont collées entre elles (avec la bride arrière et les bandes supérieures), en prenant soin de les joindre au niveau des repères réalisés à cet effet. Après avoir été séchés, ils passent entre les mains des opérateurs de la machine, où ils sont assemblés par une machine à coudre et les bords, etc., sont coupés. Les machines à coudre utilisées ressemblent beaucoup à une machine à coudre domestique ordinaire, à l'exception du fait qu'elles sont beaucoup plus grandes et plus solides.

Salle d'essayage de stock.

Où tout le fond est préparé après avoir été coupé. *Voir page 120* .

La doublure est terminée. L'étape suivante consiste à assembler la doublure à la pièce de cuir constituant l'extérieur de même forme, appelée dessus. Le dessus reçoit les œillets par une machine placée en bonne position. Le haut et la doublure peuvent être assemblés en les cousant face à face. Le dessus est inspecté et tous les fils sont coupés.

Une fois que les tiges des chaussures ont été correctement cousues ensemble, les œillets sont placés par une « machine à œillets duplex », qui œille les deux côtés de la chaussure en même temps. Le haut des œillets est constitué de boutons noirs massifs, pour ne pas porter de laiton, tandis que le bas (qui s'accroche à l'intérieur de la chaussure), appelé barillet, est en nickel. Ceci termine la tige de la chaussure.

L'empeigne, les langues et la pointe sont ensuite assemblées. Les bords des empeignes, quartiers, pointes, etc., sont recouverts d'un ciment à base de caoutchouc et de naphte, que l'on conserve dans des petits bols sur les bancs devant les employés. Plusieurs qualités de ciments sont utilisées. Les parties cimentées sont laissées sécher, puis les bords sont retournés par des « machines à presser », ce qui donne un aspect fini. La chaussure est assemblée en cousant l'empeigne aux quartiers. Ce travail est effectué à la fois par des hommes et des femmes et demande beaucoup de soin.

En ce qui concerne la couture des tiges pour hommes, le système varie autant selon les usines que pour les femmes . Voici quelques opérations qui vous donneront une idée de la façon dont se déroulent les tiges des hommes.

Extension ou bout cousu à l'empeigne.

Boîte en cuir cousue.

Pointe cousue à l'empeigne.

Vamp cousu en arrière.

Dessus plié sur le pourtour.

Haut cousu.

Rangée d'oeillets cousue de haut en bas.

Doublure cousue.

Revêtement latéral posé sur doublure.

Parementure supérieure mise en doublure.

Doublure et extérieur collés ensemble.

Sous coupe.

Oeillet .

Accrochage.

Vaamper.

La tige est terminée lorsqu'elle quitte la salle de couture et est prête à être mise sur la forme. Pendant que la tige est en préparation, les semelles, semelles intérieures, contreforts et talons sont fabriqués dans d'autres départements.

Lorsque le contremaître de ce département a reçu les étiquettes avec les données nécessaires à la préparation des semelles, semelles intérieures, contreforts, embouts et talons, elles sont envoyées au magasin, où ces pièces sont conservées.

Les semelles sont grossièrement découpées au moyen de matrices, pressées à travers le cuir, dans des « machines à mourir ». Avant de couper les semelles, le cuir est plongé dans l'eau et suffisamment humidifié. Une fois découpés, ils sont amenés à épouser la forme exacte en les arrondissant dans une machine appelée « machine à arrondir ». Le morceau de cuir grossièrement éteint est maintenu entre des pinces, dont l'une représente exactement le motif de la semelle. La machine utilise un petit couteau qui tourne autour de ce motif, coupant la semelle exactement pour s'y conformer. La semelle extérieure est maintenant transmise à une machine à rouler lourde, où elle est pressée par des tonnes de pression entre des rouleaux lourds. Celui-ci remplace le martelage que le cordonnier d'autrefois donnait à son cuir pour rapprocher très étroitement les fibres, de manière à en augmenter l'usure.

Les contreforts et les toe boxes (renfort placé entre le talon et la pointe et l'empeigne de la chaussure) sont préparés dans la même pièce que les talons. Une fois confectionnés, ils sont envoyés à la salle de confection ou de fondage, où les attend la tige de la chaussure. Le contrefort étant un élément important dans la durée de vie d'une chaussure, cela dépend en grande partie de la qualité du cuir qui le compose.

La semelle est ensuite acheminée vers une « machine à fendre », qui la réduit à une épaisseur absolument uniforme. La semelle intérieure est en cuir plus léger que la semelle extérieure, mais a la même épaisseur et est découpée de la même manière une à une. Les tailles y sont estampillées et elles sont triées.

Durable. *Page 127.*

Soudure.

Si vous examinez une chaussure cousue Goodyear, vous ne remarquerez aucune couture en vue, la couture étant fixée à une partie inférieure de la semelle intérieure. La durabilité de la chaussure dépend dans une large mesure de la qualité et de la résistance de la semelle intérieure.

La semelle intérieure d'apparence lisse d'une chaussure passepoilée doit être soit collée, soit fixée en dessous d'une manière ou d'une autre. Cette fixation est réalisée en faisant passer la semelle intérieure dans une très petite machine appelée Goodyear Channeler, qui pratique deux incisions en une seule opération. Il coupe une petite fente le long du bord de la semelle intérieure, s'étendant sur environ un demi-pouce vers son centre.

La partie supérieure de la semelle intérieure constituée par la fente sur le bord est relevée sur une machine à tourner les lèvres de manière à ce qu'elle s'étende à angle droit à partir de la semelle intérieure. En d'autres termes, le canal est ouvert et allongé, formant une crête autour du bord extérieur de la semelle. Cela forme une lèvre ou une épaule contre laquelle la trépointe est cousue. De cette façon, le fil utilisé pour la couture n'est pas visible dans la chaussure finie. La découpe réalisée en surface sert de guide à l'opérateur de la machine à coudre trépointe lorsque la chaussure lui parvient.

Les semelles intérieures et extérieures ainsi que les tiges sont désormais introduites dans la salle des tenues ou des gangs. La première partie de la durée est appelée « assemblage », ce qui signifie que de nombreuses parties sont rassemblées, telles que la tige, le contrefort, la semelle intérieure, le bout carré et la forme. Le contrefort est placé dans la tige, entre doublure et empeigne, tandis que le bout carré est vernis et posé dans la pointe de la tige (à condition qu'il n'ait pas été cousu en atelier de couture). L'opérateur cloue d'abord la semelle intérieure sur une forme en bois.

Il existe de très nombreux styles de formes différents, et lors de la coupe des tiges, un motif différent doit être utilisé pour chaque style. Ensuite, la tige est mise en place sur la forme, et elle est prête à être tirée et étirée jusqu'au bois et à prendre la forme souhaitée. Ceci est accompli en plaçant les chaussures sur la « machine à tirer », où les tiges des chaussures sont correctement placées sur la forme par les pinces d'une machine maintenant solidement le cuir en différents points contre le bois de la forme. Grâce aux mouvements des leviers, les tiges des chaussures sont ajustées correctement. Ensuite, les pinces tirent solidement le cuir autour de la forme et en même temps deux punaises de chaque côté et au niveau de la pointe sont enfoncées en partie, pour maintenir solidement la tige.

Il est maintenant placé sur la « machine à durer à la main », où le cuir est étroitement tiré autour de la forme. Avant cette opération, il est plongé dans l'eau pour conserver sa forme lors du formage et pour qu'il puisse être plus facilement façonné par la machine. À chaque traction de la pince, une petite pointe, enfoncée automatiquement à mi-chemin, maintient le bord de la tige exactement en place, de sorte que chaque partie de la tige a été étirée également dans toutes les directions. Une machine spéciale au moyen d'une série de « essuie-glaces » est utilisée pour durer la pointe et le talon. Une fois le cuir bien amené autour de la pointe, il y est retenu par un petit ruban adhésif fixé de chaque côté de la pointe, qui est maintenu solidement par le surplus de cuir, froissé à cet endroit. Le surplus de cuir froissé au niveau du talon est repoussé doucement contre la semelle intérieure et y est maintenu par des punaises actionnées par un ingénieux outil à main. Dans toutes ces opérations durables, les punaises ne sont enfoncées qu'à moitié, de sorte qu'elles peuvent ensuite être retirées et laisser l'intérieur parfaitement lisse, sauf au niveau du talon du sabot, où elles sont enfoncées dans le talon de fer de la forme et décrochées.

Arrondi grossier. *Voir page 131* .

Coupe des bords. *Voir page 130* .

Après ces opérations, le surplus de cuir au niveau de la pointe et des côtés de la chaussure est enlevé par la « machine à tailler le dessus », qui le coupe au moyen d'un petit couteau et le laisse très lisse et uniforme. Un petit marteau fonctionnant en liaison avec le couteau martèle le cuir sur les mêmes parties. Une machine à marteler martele le cuir et le contrefort autour du talon afin que la position rigide soit exactement conforme à la forme.

Une fois que la chaussure « durée » a été taillée et martelée jusqu'à la forme de la forme, elle est remise au placeur de punaises, qui retire toutes les punaises sauf quelques-unes, appelées punaises de brouillon. La semelle intérieure est ensuite mouillée pour la rendre souple et est remise à un opérateur très expérimenté, appelé « inseamer », qui doit recoudre la trépointe.

La chaussure est maintenant prête à recevoir une étroite bande de cuir préparé, qui est cousue une fois mouillée pour la rendre souple, le long du bord de la chaussure, en commençant là où le talon est placé et en se terminant au même endroit sur le bord opposé. C'est ce qu'on appelle la trépointe et elle est cousue à partir du rebord intérieur de la semelle intérieure, de sorte que l'aiguille incurvée passe à travers le rebord, la tige et la trépointe, unissant les trois en toute sécurité et permettant à la trépointe de dépasser au-delà du bord de la chaussure. . Le fil est du lin très résistant et est passé dans une casserole de cire chaude avant d'être enroulé dans un point de chaînette qui maintient la chaussure ensemble.

La nature du point est une chaîne : deux rangées de fils à l'extérieur qui s'enroulent avec le fil unique dans le rebord intérieur de la semelle intérieure. Lorsque la trépointe est enfin cousue et que la chaussure est posée sur le banc, elle ressemble à une chaussure ordinaire reposant sur une large bride de cuir. Cette bride est la trépointe, et la lourde semelle extérieure doit y être cousue rapidement. Si un seul point se casse lors de cette opération, il est confié à un cordonnier qui le répare à la main.

Avant d'enfiler la semelle extérieure, les bords de la tige doivent être coupés le long de la couture qui maintient la trépointe. Une lame d'acier appelée tige d'acier est posée le long de la semelle intérieure, là où se trouve le creux du pied, et un morceau de planche de cuir posé dessus pour donner la rigidité nécessaire et empêcher la chaussure de se déplier. Comme la trépointe a laissé un espace creux le long de la pointe du pied, il est nécessaire de le combler, soit avec un morceau de cuir, du feutre tanné ou un autre matériau de remplissage. Le feutre n'est pas imperméable et le cuir grince, c'est pourquoi un mélange de liège broyé et de ciment caoutchouc est utilisé. Celui-ci est chauffé et étalé sur la semelle, puis passé sur un rouleau chaud jusqu'à ce que le bas de la chaussure soit parfaitement lisse et uniforme. Les chaussures sont placées sur un support et sont prêtes à recevoir la semelle extérieure.

La fixation des semelles est réalisée par un certain nombre d'opérations, dans lesquelles une vingtaine ou plusieurs de machines distinctes sont utilisées. Les couches de semelle étalent un ciment de caoutchouc sur cette trépointe avec une « machine à cimenter », après que la semelle extérieure ait été trempée dans l'eau pour la rendre souple, puis la placent sur la chaussure et fixent un seul clou dans le talon. La « machine à poser les semelles », par une forte pression, cimente la semelle et l'ajuste à chaque courbe de la forme. Ensuite, la semelle est découpée par une « machine à arrondir grossièrement », qui coupe les semelles à la forme de la forme. Cette machine canalise également en même temps la semelle extérieure, nécessaire à l'opération suivante. La « machine à ouvrir les canaux » remonte maintenant les lèvres du canal et la semelle est prête à être cousue à la trépointe.

La semelle extérieure est maintenant cousue avec un fil ciré à la trépointe, par une « machine à point noué pour semelle extérieure », qui est similaire à une machine à coudre à trépointe. Le point est plus fin et s'étend de la fente (canal) jusqu'au côté supérieur de la trépointe, où il apparaît une fois la chaussure terminée.

Il unit la semelle et la trépointe grâce à un point noué serré d'une résistance remarquable. Il coud un pouce de cuir aussi facilement qu'une femme coudrait un morceau de tissu. Les coutures sont réalisées à travers la trépointe et la semelle extérieure, la couture passant dans le canal de la semelle extérieure.

Nivellement. *Voir page 135* .

Talonnage. *Voir page 136* .

L'intérieur de la fente dans laquelle vient d'être réalisé ce point est maintenant enduit de ciment au moyen d'un pinceau. La lèvre du canal est repoussée dans sa position d'origine une fois le ciment séché, par une roue à rotation rapide d'une « machine de pose de canaux ». De cette façon, les points sont cachés.

Les chaussures passepoilées sont cousues de trois manières différentes : « canalisées », qui, une fois terminées, laisse un point invisible au bas de la semelle ; « cousu régulier en haut », montrant les points des deux côtés ; et « fudge stitched », dans lequel la couture est enfoncée dans une rainure, étant presque invisible du côté passepoil .

Chaque point doit être de telle nature qu'il soit indépendant du point voisin, de sorte que si un point se casse, les autres ne se détacheront pas. Ceci est accompli en faisant passer les fils dans une casserole de cire chaude juste avant de pénétrer dans le cuir, ce qui provoque la solidification du fil ciré, devenant, pour ainsi dire, une partie du cuir.

Il convient de noter la différence entre la façon dont la semelle extérieure est cousue et la semelle intérieure est cousue à la tige. Au lieu de trois fils dans le point de chaînette « qui maintient la trépointe sur la tige et la semelle intérieure », il n'y en a que deux ici : un supérieur et un inférieur. Le fil supérieur ne s'étend que partiellement vers le bas, où il s'enroule, se tord et se verrouille dans le fil inférieur. C'est la raison pour laquelle vous pouvez porter une semelle passepoilée transparente sans qu'elle se détache.

Les chaussures cousues en hauteur subissent les mêmes opérations que les chaussures cousues en canal, à l'exception du fait que le dispositif de découpe de la machine à arrondir est éliminé.

Les chaussures qui doivent être cousues au caramel sont envoyées dans la même machine que les chaussures cousues en haut, mais une petite pointe de couteau supplémentaire sur le bras de la couturière Goodyear creuse un canal dans la trépointe afin que les points de ce côté soient enfoncés dans le cuir. .

La semelle extérieure est clouée au niveau du talon après la couture sur la « machine à clouer en vrac », qui enfonce les clous à travers la semelle extérieure et la semelle intérieure et s'accrochent contre la plaque d'acier de cette dernière. La machine entraîne des clous séparés alimentés par la trémie de n'importe quelle taille ou longueur souhaitée, à raison de trois cent cinquante par minute.

Le bord de la semelle extérieure autour du talon est maintenant coupé pour épouser exactement la forme du talon sur la « machine à battre le siège du talon ».

Les points des chaussures cousues ordinaires sont séparés par une série d'indentations, donnant à la chaussure cet effet ondulé qui ajoute tant à l'apparence de la chaussure. Dans le travail au point caramel, les points sont entièrement recouverts par les empreintes.

Ensuite, une machine de nivellement, appelée « machine de nivellement automatique des semelles », avec une pression d'environ deux tonnes et demie sur chacun des rouleaux concaves, entre en jeu. Les rouleaux se déplacent automatiquement d'avant en arrière et d'un côté à l'autre, effectuant le travail que le cordonnier faisait sur ses genoux avec un marteau et une pierre, mais en le faisant mieux et plus rapidement. Il nivelle pratiquement le bas des semelles.

Une jauge automatique règle exactement la distance depuis le bord de la forme, et grâce à l'utilisation de cette machine, l'opérateur est en mesure de rendre une semelle conforme à celle de toutes les autres de conception et de taille similaires.

Les talons sont formés en cimentant différentes épaisseurs de cuir. Une machine appelée « coupe-talon » façonne les ascenseurs. Le talon est alors mis sous pression, lui donnant une forme exacte et augmentant considérablement son usure.

Décapage unique. *Voir page 138* .

Mise en forme du talon. *Voir page 138* .

En parlant des extrémités et des côtés d'un talon, la partie qui repose sur le sol est appelée le dessus, et la première pièce est appelée le top lift. La partie qui est attachée à la chaussure est appelée le bas, tandis que le côté le plus proche des orteils est appelé la poitrine. Le coin est une pièce plate en forme de talon ou un soulèvement de cuir qui est coupé en un bord fin au niveau de la poitrine. Plus épais à l'arrière, il fait pencher le talon vers l'avant. Les cales sont fabriquées à partir de fines bandes de déchets de cuir ou de feuilles de carton-cuir et sont découpées à l'aide d'une matrice creuse. Les gouges sont découpées dans la pièce de cuir de la semelle à partir de chutes et constituent un talon régulier, comportant un morceau de cuir en forme de fer à cheval avec une ouverture au niveau de la poitrine.

Le cuir des semelles, les semelles intérieures, les contreforts et les talons, dans le département d'essayage d'origine, sont « sortis » en étant découpés en forme par une machine.

Le talon est maintenant débarrassé de toutes les parties rugueuses et excédentaires de cuir à la taille exacte du top lift. Un souffleur fixé à la machine élimine tous les déchets, etc.

La poitrine du talon, qui fait face à l'avant de la chaussure, est taillée uniformément en travers et avec l'inclinaison souhaitée au moyen d'un couteau de forme particulière qui s'étend sur la semelle au niveau de la tige. Les bords du talon sont maintenant récurés par des rouleaux tournants avec du papier de verre moulé pour les rendre parfaitement lisses. Les souffleurs fixés à la machine éliminent toute la poussière.

Il existe plusieurs types de machines pour fixer le talon à la chaussure, toutes d'un fonctionnement très rapide. L'une des dernières est celle qui nourrit les ongles et qui est actionnée par un homme et un garçon qui, ensemble, exécutent une grande quantité de travail.

Les clous sont laissés légèrement en saillie au-dessus du talon de manière à retenir le élévateur supérieur, qui est désormais mis en place par le même opérateur sur la même machine. Il est pressé sur la tête des clous pour le maintenir en place. Les petits clous en laiton ou en acier qui protègent et ornent le talon sont désormais enfoncés par la « machine à frapper universelle ». Cette machine coupe les limaces d'une bobine de fil et les enfonce avec une grande rapidité.

Nous avons pratiquement maintenant une chaussure grossièrement formée, prête pour la salle de finition.

Ici, les limaces du talon sont meulées, le talon et la semelle polis par des rouleaux de papier de verre sur une machine à récurer, mouillés, tachés ou noircis, selon le cas, finis sur des brosses à poils, mis à sécher, polis par une machine à polir, le fond est estampé. avec la marque et transmis à un opérateur chargé de veiller à ce qu'il ne reste aucune punaise à l'intérieur des chaussures. Généralement, les filles sont embauchées pour ce faire, car leurs mains sont plus petites et il est très important qu'il ne reste aucune punaise, ce qui pourrait causer beaucoup de problèmes. S'il y en a, ils sont découpés avec des pinces ou retirés d'une autre manière.

Une doublure est également généralement placée à l'intérieur de la chaussure, recouvrant la totalité de la semelle intérieure dans une chaussure McKay, et le talon uniquement dans une chaussure Goodyear. Les chaussures doivent également être inspectées ici avant d'être emballées, pour voir si elles sont parfaites à tous points de vue et si chaque chaussure est un compagnon parfait dans la paire.

Les chaussures sont désormais envoyées au dernier département, appelé département d'arbreage, d'habillage et d'emballage.

Ce département concerne la finition des tiges. Les bas et les bords sont tous terminés lorsque les chaussures arrivent dans ce département, et il ne reste plus qu'à finir les tiges et à emballer les chaussures dans des cartons par paire, puis dans des caisses ou caisses en bois.

Les différentes tiges sont toutes finies par un procédé différent, certaines étant repassées avec un fer chaud, ce qui a pour but d'éliminer les plis et de lisser les tiges. Le repassage a été introduit pour la première fois sur les chaussures pour enfants, mais ces dernières années, le fer chaud a été utilisé sur presque tous les types de textiles. Une chaussure doit être sur une forme ou un arbre lors du repassage, la forme ou l'arbre ayant la même forme que la précédente. L'idée générale du repassage est la même que celle suivie par le tailleur, qui utilise un fer chaud pour repasser et lisser les vêtements. Les opérations en détail sont les suivantes : -

Repassage.

Emballage.

Chaque chaussure est arborée, après avoir été tirée sur une forme de pied semblable à celle sur laquelle la chaussure était posée, et toute tache ou saleté qui aurait pu être négligemment appliquée lors d'opérations antérieures est nettoyée ; la chaussure est épongée avec une gomme préparée pour les produits noirs ou beiges, frottée terne, puis frottée pour obtenir un cirage. Dans de nombreuses chaussures en cuir verni , le triage consiste à nettoyer la surface, comme nous l'avons déjà dit, puis à la repasser avec un fer chaud, ce qui enlève toutes les taches et laisse le cuir brillant et noir.

Les chaussures sont finalement remises aux opérateurs, qui arrachent les bords et les talons, les laissant prêtes à être lacées et mises dans les boîtes. Après le laçage, les chaussures sont remises aux inspecteurs, dont le devoir est de s'assurer qu'elles sont parfaites, de jeter toutes celles qui ne le sont pas, d'en faire un enregistrement et de transmettre les chaussures parfaites aux emballeurs, qui veillent à ce que les tailles soient correctes. à droite, que chaque paire est accouplée et placée dans des cartons en papier, prête à être emballée dans des caisses en bois pour l'expédition. L'emballage des cartons dans des caisses en bois est effectué par des hommes qui clouent le couvercle lorsque chaque caisse est pleine, marquent l'endroit où les marchandises doivent être envoyées, en font un enregistrement et chargent les caisses dans des wagons de marchandises.

Il existe d'autres tiges arborées, comme le veau ciré, par exemple, et les tiges fendues, qui sont utilisées dans les chaussures lourdes. L'idée principale de l'arborescence d'une chaussure est de lui donner un aspect lisse et fini ainsi qu'un bon « toucher ». Dans l' opération régulière d'arboriculture , ils utilisent des préparations liquides, souvent appelées composition, et celles-ci sont incorporées dans la partie supérieure, la remplissant dans une certaine mesure. La craie française est beaucoup utilisée dans certaines tiges, et de l'huile ou une certaine forme de graisse ou de gomme est également utilisée, ce qui rend la tige telle qu'elle était lorsqu'elle était posée pour la première fois sur la planche à découper de l'usine de chaussures. Tous les travaux réalisés dans cette salle ont pour but de redonner au cuir son éclat d'origine, qui s'est dans une certaine mesure perdu à force de traverser les différentes pièces et d'être autant manipulé.

Il existe encore d'autres tiges qui ne peuvent pas être boisées ou repassées, mais simplement nettoyées et polies pour donner de l'éclat. Certains d'entre eux peuvent être habillés. Habiller une chaussure signifie mettre un pansement liquide. Dans certains cas, deux couches de pansement sont appliquées et dans d'autres cas, une seule couche. Une chaussure peut avoir un habillage terne ou un habillage brillant, selon l'apparence que l'acheteur préfère donner à ses chaussures.

CHAPITRE SEPT
McKAY ET LES CHAUSSURES TOURNÉES

Le procédé McKay est très largement utilisé dans la fabrication de chaussures bon marché. Son introduction représentait une grande amélioration par rapport au clouage et au chevillage des semelles sur la tige. Il permet de coudre les deux ensemble au moyen d'une aiguille droite traversant toute l'épaisseur de la tige, de la semelle et de la semelle intérieure.

En suivant le procédé McKay à travers l'usine, nous le trouvons très similaire au procédé de trépointe Goodyear, qui a été expliqué, la principale différence réside dans les méthodes de fixation de la semelle à la tige.

Coupes transversales de la chaussure Welt et de la chaussure cousue McKay.

Les formes et les patrons sont obtenus de la même manière que décrit dans le chapitre précédent. La commande est établie au bureau de l'usine et le ticket est remis au trieur qui sélectionne le nombre de peaux requis, qu'il roule en fagot et remet au coupeur. Les coupeurs façonnent les différentes pièces de cuir et de doublures, qui sont liées en fagots et acheminées vers la salle de couture. Ici, elles passent par les différentes machines à coudre pour finalement ressortir sous la forme d'une tige complète prête à être fixée aux bas.

Les semelles, semelles intérieures, contreforts et talons des chaussures McKay sont tous formés dans la même pièce, comme décrit dans le processus Goodyear.

Il y a une différence dans la préparation des semelles extérieures et intérieures. On rappelle que la semelle extérieure de la chaussure cousue Goodyear était simplement un bloc de cuir découpé pour s'adapter à la chaussure et n'était pas canalisée. La semelle extérieure de la chaussure McKay passe par une machine à canaliser, qui coupe une fente autour du bord de la semelle, replie le cuir et creuse une petite tranchée le long de l'intérieur de la fente. On se souvient également que la semelle intérieure de la chaussure cousue Goodyear était canalisée de deux fentes dont l'une était retournée pour former la poitrine à coudre sur la bande passepoilée. La semelle intérieure d'une chaussure McKay n'est en aucun cas canalisée, mais reste unie, comme la semelle extérieure de la trépointe Goodyear. Les tiges, les semelles, les semelles intérieures, les contreforts et les talons ayant tous été préparés, les pièces sont emmenées dans la salle de conservation.

Le premier processus est appelé « assemblage ». L'opérateur reprend une des tiges, insère la dernière, colle un contrefort entre la doublure et l'extérieur, met une « boîte » (un gros morceau de toile pour donner de la stabilité à la pointe) au niveau de la pointe, sous la pointe. , met la semelle intérieure, puis peut tirer la chaussure fermement sur la forme ou la donner à l'opérateur sur la machine à tirer pour qu'il le fasse. La machine à tirer est maintenant utilisée dans presque toutes les usines, ayant remplacé la traction manuelle de la même manière que les machines durables ont remplacé la main durable. L'assemblage, le tirage et la durée sur la machine font tous partie du fonctionnement régulier de la durée. Autrefois, le laster à main devait faire les trois parties, mais il existe maintenant des machines pour faire presque tout, et à l'heure actuelle, l'opération de durée est divisée en l'assemblage, le démontage et la durée sur la machine. Mais même ces machines ne font pas tout, car il y a le surplus de tige à couper, les orteils à marteler et le remplissage à mettre dans le bas, le tout étant effectué sur une chaussure McKay avant que la semelle puisse être posée. . Il existe également des machines pour réaliser ces pièces.

Un tailleur (cela se fait à la main) prend maintenant la chaussure, coupe tout le surplus de cuir, cloue le cambrion (un petit morceau d'acier pour donner de la rigidité au cambrion de la semelle), remplit le tout en douceur puis le passe au poseur de semelles, qui enfile la semelle extérieure et la cloue en place.

La forme est maintenant retirée de la chaussure et elle est prête pour la machine à coudre McKay.

Cette machine coud à travers la semelle intérieure et extérieure, et en même temps attrape les bords du cuir supérieur et de la doublure entre les deux et les rapproche tous étroitement et fermement. Les points sont faits tout au long du canal de la semelle extérieure, qui est suffisamment profond pour permettre la rangée de points sans soulever de crête à l'extérieur de la semelle, une fois le canal fermé et nivelé. Le canal est ensuite rempli de ciment et transmis au niveleur, qui rabat le rabat de cuir détaché, le presse pour l'obtenir en douceur et recouvre la couture si complètement qu'aucune trace de couture n'est visible. Ce petit rabat de cuir replié a le double objectif de cacher les coutures de la semelle et en même temps de les protéger de l'usure par le sol.

Piqûre.

Virage de bord.

La chaussure est alors prête à être talonnée , et d'ici à la porte d'expédition, le McKay passe généralement par le même processus qu'une trépointe. Après la talonnage, les chaussures McKay sont relancées ou mises en place pour les maintenir en forme pendant le passage. La doublure de la chaussette peut également être mise en place ici avant le revissage , ou elle ne peut pas être mise en place jusqu'à ce que les chaussures arrivent dans une autre pièce. La forme durable McKay doit être retirée de la chaussure pour pouvoir enfiler la semelle et les talons et cela s'applique également à une chaussure chevillée ou clouée. Mais dans le cas d'une chaussure passepoilée ou d'une chaussure tournante, les deux restent sur la forme d'origine jusqu'à ce que la semelle et les talons soient fixés. Le sabot tournant étant monté à l'envers, il doit se détacher du dernier pour être retourné à l'endroit, et il passe directement sur le dernier dès qu'il peut être retourné. Les différentes méthodes de fixation des fonds constituent la principale différence entre les Goodyear et les chaussures tournantes d'une part, et les McKay, chevillées et clouées de l'autre. Le bouillon de fond doit être préparé différemment afin de s'adapter aux méthodes. On voit ainsi que deux départements seulement sont concernés, à savoir le département du cuir pour semelles et le département de confection. Dans la découpe, la couture, la finition, l'arborage et l'emballage, toutes les opérations sont pratiquement les mêmes sur chaque chaussure, quel que soit son fond. Cependant, les modèles selon lesquels les chaussures sont coupées peuvent être différents.

Dans la salle de finition, toutes les finitions des fonds et des bords des talons sont réalisées. Les talons sont poncés ou récurés, puis noircis et polis sous la pression du fer chaud. Une grande quantité de cire est utilisée sur le bord et est fondue par le fer chaud. Les bords des talons peuvent également être finis sur une roue ou un rouleau. Il existe plusieurs méthodes différentes, mais le but de chaque méthode est de donner au bord une surface dure, noire et très polie.

En finissant le bas , la partie supérieure est récurée ou polie, ainsi que toute la semelle et la poitrine du talon. Chacun est un processus différent, un opérateur différent s'occupant de chaque partie. Le but du récurage ou du polissage avec du papier de verre est d'obtenir une base lisse pour la finition, qui est appliquée ensuite, et qui peut être de la même couleur dans toutes les parties du fond ou peut avoir une couleur dans la tige et une autre dans le partie avant. Les lasures et les noircissements sont utilisés sur les fonds, qui sont amenés à un brillant élevé et dur au moyen de rouleaux et de pinceaux. Les fers chauds sont souvent utilisés sur les tiges et les fonds noirs pour donner plus de dureté et de lustre à la finition.

La chaussure retournée ou tournante est une chaussure fine pour femme qui est fabriquée à l'envers, puis retournée à l'endroit. La semelle est fixée sur la forme et la tige est torsadée, l'envers vers l'extérieur. Ensuite, les deux sont cousus ensemble, le fil passant par un canal ou une épaule découpée dans le bord de la semelle. La couture ne traverse pas le bas de la semelle, ni aucune partie intérieure où elle pourrait irriter le pied.

La préparation de la tige d'une chaussure tournante est identique à celle d'une trépointe ou d'une McKay, à l'exception du fait que l'arrière est coupé un peu plus long et un peu plus large, afin de le faire durer sur la semelle. La différence importante dans la composition d'une chaussure tournante par rapport à celle d'une McKay ou d'une trépointe est qu'elle n'a pas de semelle intérieure, la tige étant cousue directement sur une partie de la semelle elle-même.

Comme la coupe de la tige et les opérations de couture d'une chaussure tournante sont les mêmes que celles des Goodyear et McKay, et ont été expliquées, nous reprendrons le formage de la semelle, qui est entièrement différent des deux autres méthodes.

Un soulier tournant s'assemble à l'envers, et il est nécessaire, au cours de la fabrication, de le retourner en enroulant la semelle comme un rouleau de tapis. Il est donc évident que seul un cuir souple et de bonne qualité peut être utilisé de manière satisfaisante, et un grand soin est pris pour n'inclure que le meilleur.

Les semelles sont découpées sur les machines à poutres, également décrites précédemment. Ils sont ensuite canalisés du côté adjacent au pied. Cette canalisation est similaire à celle réalisée sur la semelle intérieure passepoilée. Deux incisions sont pratiquées, celle intérieure étant la même que celle des semelles passepoilées. L'extérieur est cependant différent, car la bride est coupée d'équerre au lieu d'être enroulée. Cela laisse un canal qui commence au bord et à la surface de la semelle et s'étend en forme semi-circulaire jusqu'à la paroi abrupte de la découpe de la semelle, qui forme la poitrine contre laquelle la tige doit être cousue.

Une fois les semelles canalisées, elles sont trempées jusqu'à ce qu'elles deviennent suffisamment souples pour s'enrouler facilement. Ils sont ensuite placés sur des racks et conservés dans une pièce humide jusqu'à leur utilisation.

Une chaussure tournante est fabriquée à la main sur l'envers. Tout d'abord, la tige est retournée avec la doublure à l'extérieur, puis la forme est insérée ainsi que la pointe du pied.

La semelle est posée droite sur la forme et y est solidement clouée. L'opérateur, à l'aide de tirettes manuelles, tire la tige sur la semelle et la cloue solidement à partir d'un point où la poitrine du talon reposera jusqu'à l'endroit où le gros orteil s'étendra, puis sur la même distance de l'autre côté. La partie des orteils est ensuite maintenue par une machine, un fil étant fixé sur un côté et passant autour du bord en retenant les parties relevées de la tige qui a été étroitement étirée sur la forme.

La chaussure est ensuite transmise à l'opérateur Goodyear Inseamer , qui coud la tige à la semelle, l'aiguille passant par le canal intérieur, à travers le cuir de la semelle, à travers le canal à coupe carrée, puis à travers la tige, unissant la tige. à la semelle avec le point de chaînette. En fait, le bas d'un patin tournant à ce moment ressemble exactement au bas d'une trépointe, à l'exception du fait que le patin tournant est toujours tourné du mauvais côté vers l'extérieur. La nature du point est la même : une chaîne enfilée cirée, avec deux rangées de fil à l'extérieur qui bouclent avec le fil unique dans le rebord intérieur de la semelle intérieure. La chaussure est cousue uniquement de l'arrière de la tige jusqu'à la pointe, la partie talon étant toujours lâche.

La couture est maintenant coupée avec un coupe-entrejambe, une machine dotée d'un couteau rotatif à bords dentelés qui scie les parties excédentaires de la tige, la laissant lisse et uniforme avec la semelle. Les punaises sont toutes retirées à l'aide d'une sorte d'arrache-clou, qui fonctionne rapidement et automatiquement.

Les formes sont ensuite retirées et la chaussure est retournée à l'endroit. Ce processus de tournage n'est pas difficile, mais c'est peut-être l'opération la plus intéressante que le profane verra dans toute l'usine. L'opération s'effectue au moyen d'une barre de fer rigide placée de biais dans une table. La tige est retournée à l'endroit à la main et la semelle est roulée à l'endroit au moyen d'une pression sur cette barre.

Après ce processus de retournement, qui tord et roule la chaussure pour la déformer, elle n'a plus aucun semblant de sa forme finale. La partie arrière de la semelle et la tige sont encore lâches, la tige étant fixée de la tige à la pointe.

Le sabot tournant doit être de « seconde » durée, et l'insertion de la forme n'est pas une mince affaire. Un appareil appelé vérin à poussée aide grandement l'opérateur. Il utilise une tige plate et étroite pour lisser la doublure, et après avoir pressé, poussé et lissé, la forme est finalement adaptée à la chaussure. Le comptoir est placé à ce moment-là, la pièce de tige est mise en place et le sabot et la forme sont placés sur un vérin pour le clouage. La partie arrière supérieure est maintenant tendue étroitement sur la partie talon de la forme au moyen d'extracteurs durables, et est clouée vers le bas, les clous traversant la tige et s'accrochant contre le siège du talon de l'enclume de la forme. Cette opération achève la confection, la chaussure ayant désormais une forme exactement semblable à celle sur laquelle elle est réalisée.

Les ouvriers nivelent maintenant les fonds et forment la tige à la main, en préparation au processus de nivellement à la machine. La chaussure est encore mouillée et est laissée sécher au cours des dernières vingt-quatre heures. Ensuite, on le passe dans la machine appelée « niveleuse », qui, avec son énorme pression, forme la semelle à celle de la forme. Les chaussures sont ensuite laissées sécher complètement pendant quatre jours sur la forme afin qu'elles conservent durablement leur forme.

L'enfilage du talon, et les différents procédés de finition sont pratiquement les mêmes que celui de la trépointe, à l'exception du fait qu'une semelle tournante doit comporter une doublure de chaussette.

Certaines usines utilisent une doublure de chaussette en cuir fleur, qui est collée, recouvrant les canaux de la semelle qui retiennent les coutures et formant une surface lisse sur laquelle le pied peut reposer.

La différence entre une McKay et une chaussure tournante peut être révélée par le fait que la couture à l'intérieur de la semelle est beaucoup plus proche du bord dans un virage. Autre chose, dans une chaussure tournante, la couture reliant la tige et la semelle extérieure est visible.

Rien n'est susceptible de surpasser la chaussure tournante en termes de légèreté et de flexibilité, puisque le procédé de fabrication, selon lequel la semelle est cousue directement sur la tige, n'interpose aucun matériau épais ou encombrant. Un cuir de semelle de bonne qualité est utilisé. En fait, la semelle devrait être non seulement solide, mais aussi fine et légère, sinon la chaussure ne pourrait pas être tournée au cours du processus de fabrication sans la forcer et la déformer.

HISTOIRE DE LA CHAUSSURE TURN

L'histoire raconte qu'avant 1845, date de l'introduction des machines à fabriquer des chaussures, la plupart des chaussures étaient cousues à la main, les plus légères étant tournées et les plus lourdes cousues. En fait, les premières usines qui ont commencé à surgir en Nouvelle-Angleterre vers le début du siècle n'étaient que des salles de découpe et des lieux de stockage des formes et des stocks.

Ici, les tiges, les semelles et les doublures étaient coupées à la main puis distribuées aux habitants du voisinage, principalement des agriculteurs et des pêcheurs, pour être cousues ensemble et payées à la douzaine. Tel fut le début de l'industrie de la chaussure en Nouvelle-Angleterre. Des centaines de familles ont ainsi accru leurs ressources, les femmes effectuant les travaux les plus légers et les hommes les plus lourds.

Dans les communautés de pêcheurs, où les hommes étaient la plupart du temps à bord de leurs bateaux, leurs femmes et leurs filles, qui restaient à la maison, entreprenaient les travaux les plus légers de fabrication de chaussures : le processus du tour. Ce fut le cas dans les villes de la « Rive-Nord » comme Lynn, Haverhill et Marblehead, et celles-ci sont aujourd'hui, respectant les anciennes traditions, les grands centres de fabrication de chaussures de qualité supérieure, tandis que la « Rive-Sud » des villes comme Brockton, Whitman, Abington, Rockland et Weymouth , avec des hommes à la maison toute l'année, en vinrent à se spécialiser dans les chaussures pour hommes et absorbèrent la partie la plus lourde de l'industrie en pleine croissance.

Cependant, avec l'introduction de la machine à tourner Goodyear, le travail manuel a été progressivement supprimé, bien que plus de travail manuel soit effectué dans le processus de tournage que dans le processus McKay ou passepoilé.

FABRICATION DE CHAUSSURES À VIS STANDARD

De nombreuses qualités de chaussures lourdes sont fabriquées par la méthode de vissage standard, qui diffère de la méthode McKay en ce que la semelle extérieure et la semelle intérieure sont fixées ensemble avec un fil à double filetage, qui est vissé et coupé par la machine dès qu'il atteint la à l'intérieur de la chaussure.

Coupe transversale d'une chaussure vissée standard.

Une chaussure à chevilles est fabriquée à peu près de la même manière qu'une vis standard, sauf que des chevilles en bois sont utilisées à la place du fil pour fixer la semelle ensemble.

La méthode clouée de fabrication de chaussures consiste à clouer les semelles ensemble sur le pourtour. Il est principalement utilisé pour les chaussures lourdes et bon marché.

CHAPITRE HUIT
CHAUSSURE ET RÉPARATION À L'ANCIENNE

Le cordonnier d'antan fabriquait autrefois des chaussures à la main de la manière suivante : On utilisait une forme, qui est un modèle de pied en bois, et on y collait çà et là des morceaux de cuir de manière à constituer un modèle conforme au modèle. mesures du pied. Ensuite, des modèles en papier du cuir supérieur ont été réalisés à partir de ce dernier, et à partir de ceux-ci, les cuirs supérieurs ont été découpés dans des peaux de veau tannées et cousus ensemble.

Le cuir des semelles était découpé dans de la peau de bœuf ou de bœuf tannée, les pièces étant la semelle intérieure, la semelle extérieure et les rehausses du talon. Les semelles intérieures étaient en cuir plus souple. Parfois, des cuirs à semelle fendue étaient utilisés pour les tiges. Le cordonnier adoucissait ensuite le cuir en le trempant dans l'eau, jusqu'à ce qu'il soit à la fois souple et ferme, et qu'il se coupe comme du fromage.

Les semelles intérieures étaient fixées au bas d'une paire de formes en bois, et le cuir mouillé était fixé avec des punaises durables de manière à le mouler jusqu'à la forme. Lorsqu'il était sec, le cordonnier, avec des pinces, arrachait le cuir jusqu'à ce qu'il prenne exactement la forme du bas de la forme. Ensuite, il arrondit les semelles en coupant les bords proches des derniers, et forma autour de ces bords un petit canal ou plume coupée ou fendue d'environ un huitième de pouce dans le cuir.

Ensuite, il perça les semelles intérieures tout autour avec un poinçon courbé, qui « mordit » dans le cuir, mais pas à travers, et sortit au niveau du canal ou du bord de la plume. Les bottes étaient ensuite durées en plaçant la tige sur la forme, en dessinant les bords au moyen de pinces étroitement autour du bord des semelles intérieures. Ensuite, ils ont été fixés en portions avec des punaises durables. Le façonnage était considéré comme une opération très importante, car à moins que la tige ne soit tirée doucement et uniformément sur la forme, sans laisser de pli ni de ride, la forme serait un échec. Une bande de cuir souple d'environ un pouce de large, avec un bord coupé, était ensuite placée sur les côtés des chaussures, jusqu'au talon ou à l'assise, et le fabricant procédait à « l'entrejambe » en passant son poinçon dans les trous. , déjà réalisé dans la semelle intérieure, en attrapant avec lui le bord de la tige et le bord fin de la trépointe, et en cousant les trois ensemble en une seule couture plate, avec un fil ciré.

Les fils utilisés par les cordonniers sont appelés « extrémités » et sont constitués de deux ou plusieurs brins de petits fils de lin. Le cordonnier fabrique lui-même son fil ciré de la manière suivante :

Il tient la partie principale du fil de la bobine, dans sa main gauche, en le tenant fermement – là où il veut le casser – entre l'index et le pouce, afin qu'il ne tourne pas au-delà de ce point. Puis, de la main gauche, il pose le bout du lin sur le genou et le roule loin de lui. Cela provoquera la séparation des petites fibres qui composent le fil, lui permettant ainsi de le casser facilement. Lorsque les fibres se séparent, il donne au fil une rotation légère et rapide, ce qui provoque sa rupture. Au fur et à mesure que le fil se casse, il le sépare progressivement, de sorte que les fibres se rétrécissent. Puis il place les fils ensemble, les uns derrière les autres, de manière à ce que le bout ait une pointe très fine. Il roule le bout et le laisse tourner entre les doigts de la main gauche. Après avoir été roulé et tordu, il est ciré en tirant le fil à travers un morceau de cire.

Les extrémités fines sont cirées jusqu'à un certain point. Un poil est fixé de la manière suivante : la tête du poil est tenue dans la main gauche, et la partie à laquelle le fil doit être fixé est cirée ; puis le fil et les poils sont tordus ensemble. Un trou est fait dans le fil et les poils sont tirés et fixés. Une fois les fils fixés, les têtes des poils sont coupées et les extrémités poncées.

Le fil ciré ou « extrémité », comme on l'appelle, ne doit jamais être plus long que nécessaire pour coudre une chaussure. L'expérience montre que si une partie d'un bout laissé après la couture d'un soulier est utilisée sur le deuxième soulier, elle n'est jamais aussi résistante qu'un bout neuf. Le fil s'affaiblit de plus en plus à mesure qu'il est utilisé. Lorsque le fil est bien ciré, il est collé à la chaussure.

Une fois la chaussure cousue, le cordonnier comble les inégalités et égalise le bas, en comblant la partie déprimée au centre avec des morceaux de feutre goudronné. Les chaussures sont maintenant prêtes pour les semelles extérieures. Les fibres du cuir destiné à la fabrication des semelles sont soigneusement condensées par martelage sur le lapstone . Ensuite, ils sont fixés à travers la semelle intérieure avec des punaises en acier, leurs côtés sont parés et un canal étroit est découpé sur leurs bords. Par ce canal, ils sont cousus à la trépointe, environ douze points de fil ciré solide étant réalisés au pouce près. Les semelles sont ensuite martelées; les talonnettes sont mises en place et fixées avec des piquets en bois. Ensuite, ils sont cousus à travers les points des semelles intérieures ; et les pièces supérieures, semblables aux semelles extérieures, sont mises et clouées aux ascenseurs.

Les opérations de finition de la chaussure comprennent le lissage des bords du talon, le parage, le râpage, le grattage, le lissage, le noircissement et le brunissage des bords des semelles, le retrait des formes et le nettoyage des picots qui auraient pu percer la semelle intérieure. Il existe de nombreuses petites opérations liées à l'expédition et à la finition de divers matériaux, telles que le perçage de trous, la pose d'œillets, etc.

COMMENT LES CHAUSSURES SONT RÉPARÉES

Avant de comprendre comment les chaussures sont réparées, il est nécessaire de connaître la différence entre l'intérieur et l'extérieur d'une chaussure.

La dernière est divisée en quatre parties, à savoir. pointe, boule, tige et talon.

Le schéma n°1 montre ces pièces et leurs formes.

Le diagramme n° 2 montre la longueur de l'intérieur des divisions par rapport à celle de l'extérieur. Remarquez la tige longue et la boule courte.

Le diagramme n°3 montre l'extérieur des divisions et l'effet qu'elles ont sur la forme de la chaussure. Voir tige courte et boule longue.

N'oubliez jamais que la pointe d'une chaussure est plus longue à l'extérieur et que sa tige est courte. La balle est plus courte à l'intérieur et possède une longue tige. Comparez les schémas extérieurs et intérieurs n°2 et 3.

Comment un côté du cuir est façonné et divisé en fonction de sa qualité.
Voir page 5 .

Dia. 1. Dia. 2. Dia. 3.

CORDONNERIE

La première opération de semi-semelle d'une chaussure consiste à couper l'ancienne partie de « a » à « c » comme indiqué sur le schéma n°1. La chaussure est placée dans différentes positions et corrigée dans tous les sens avant d'enfiler la nouvelle semelle. Il est généralement préférable de mouiller la chaussure afin de la mettre en forme.

Le cuir est suffisamment fin et précis pour former un joint net et confortable, tout en étant suffisamment épais pour que les ongles puissent tenir.

Ensuite, le remplissage est ajouté avant de le placer sur la semelle. La semelle est coupée et une ligne de guidage est tracée autour du bord, afin que les clous puissent être correctement disposés.

La finition de la semelle est une partie importante. Si tout le reste est correctement fait, cette partie devient relativement simple. Assurez-vous que tous les clous sont bien serrés. Avec un fond plat, des joints et des bords lisses, la chaussure peut ressembler à une chaussure neuve tout en ayant la sensation d'une ancienne.

Le talon étant plus directement sous le corps et la première partie à toucher le sol, il s'use généralement en premier. C'est pour cette raison qu'en réparant un talon, il faut prendre grand soin de s'assurer qu'on y met du bon cuir et du travail solide. Retirez la pièce supérieure usée et voyez que ce qui reste est solidement martelé. Ensuite, divisez un morceau de cuir de semelle solide et facile à couper, de sorte que deux morceaux puissent être fabriqués à partir d'un seul. Mettez-les sur la chaussure et fixez-les bien, pièce par pièce, avec des punaises. Assurez-vous que le talon est de niveau avant de mettre la pièce supérieure. (Si nécessaire, un petit morceau peut être placé sous la pièce supérieure.) Une fois qu'il est de niveau, placez la pièce supérieure, coupez en forme, puis tracez une ligne de guidage et clouez. Les clous sont placés plus épais sur le côté le plus usé, pour protéger le talon. Le talon est ensuite râpé et lissé avec un tampon et du papier de verre. Une fois terminé, le niveau devrait être réglé.

MÉTHODE MODERNE DE RÉPARATION DE CHAUSSURES

À mesure que l'industrie de la chaussure est devenue de plus en plus perfectionnée, la réparation de chaussures suscite un intérêt croissant. Une chaussure de prix moyen, telle qu'elle est fabriquée aujourd'hui, peut souvent être en assez bon état pour être talonnée et semée plusieurs fois. Ainsi, même si dans le passé de nombreux magasins et départements de chaussures faisaient réparer leurs chaussures par des ateliers extérieurs, la tendance est aujourd'hui que chaque magasin de chaussures ait son propre département de réparation. Cette méthode est issue en grande partie du développement des machines pour la cordonnerie, qui révolutionne le métier à tel point que dans quelques années, la réparation à la main fera partie des arts perdus. Avec les nouvelles inventions pour la restauration du cuir supérieur et le perfectionnement des machines pour la cordonnerie, les ateliers de réparation ne seront bientôt plus qu'à court d'usines miniatures.

La machinerie habituellement utilisée consiste en une piqueuse Goodyear, utilisée pour fixer les semelles aux trépointes Goodyear par la méthode du point noué, tout comme dans les usines de chaussures fabriquant des chaussures à trépointe Goodyear. Ensuite, il y a un coupe-talon, un finisseur de fond, composé d'un rouleau à rotation rapide recouvert de papier de verre grossier et fin, et un constructeur de talon d'opéra pour former des talons concaves. Il y a deux roues utilisées pour le travail des talons beiges et blancs, un talon étant recouvert d'un tissu blanc et l'autre d'une brosse grossière. À côté de ceux-ci se trouvent généralement le finisseur de tige et de talon , capable de lisser et de polir fortement une tige ou un talon en une douzaine de secondes environ, le finisseur inférieur, qui meule et lisse la nouvelle semelle, et une machine utilisée pour enlever la saleté avant la chaussure est terminée, constituée d'une lourde brosse en crin de cheval. Un autre élément utile de l'équipement est un dispositif de pose de bordures, qui est également identique à celui utilisé dans les usines. Les machines à coudre les chaussures et les pièces utilisées pour la finition fonctionnent toutes sur un seul arbre long, qui tourne rapidement à l'aide d'un moteur. C'est un fait qu'une chaussure peut être semelle et talonnée en moins de six minutes.

Cinq ou six hommes sont généralement employés dans le service de réparation d'un grand établissement. Lorsque les chaussures du client sont apportées, l'un de ces hommes coupe l'ancienne semelle et trace le contour de la nouvelle semelle sur un bloc du meilleur cuir de chêne. Après avoir été découpés grossièrement à la main, ils sont trempés dans l'eau et canalisés ; c'est-à-dire qu'une partie de la semelle est relevée dans laquelle les points doivent être passés. Un deuxième homme, à l'aide de la piqueuse Goodyear, joint la semelle et la trépointe avec un point noué très solide et étroitement dessiné. Il s'agit d'une grande machine dotée d'une aiguille et d'un poinçon incurvés et barbelés, ainsi que d'une navette qui coud un pouce de cuir avec la plus grande facilité et la plus grande rapidité. Il y a de cent cinquante à deux cents points dans chaque chaussure ; de plus, chacun d'entre eux est attaché avec un épais fil de cire, de sorte qu'il n'y a aucune chance qu'ils soient jamais divulgués. Si un point devait se casser, les autres points resteraient intacts, car ils sont tous indépendants les uns des autres. Les deux semelles sont cousues en un peu plus d'une demi-minute sans casser un fil ni arrêter la machine.

Une couche de ciment-caoutchouc est désormais placée sur les bords de la semelle extérieure, et le rebord du canal est lissé afin que les coutures soient entièrement cachées lorsque l'on regarde le bas de la chaussure. La coupe des bords s'effectue ensuite à l'aide d'une roue à rotation rapide, qui coupe les bords d'équerre et fidèles en quarante secondes environ. Après cela, la tige est finie sur une roue à rotation rapide recouverte de toile émeri.

La finition du bas est la prochaine étape. Cela se fait sur une machine comportant deux longs cylindres, l'un recouvert de papier de verre fin et l'autre de papier de verre grossier. Ces cylindres tournent rapidement et l'opérateur utilise le papier de verre grossier pour récurer la saleté et l'ancienne finition du cuir, et le papier de verre fin pour finir la semelle aussi lisse que celle de n'importe quelle chaussure neuve.

Le brossage ou le lissage s'effectue ensuite à l'aide de la brosse en crin de cheval dont nous avons déjà parlé. Une préparation appelée Lewis's rival bottom polish, une sorte de cire blanche, est placée sur la machine à brosses. La brosse lisse désormais la surface de la semelle, remplissant tous les petits trous avec de la cire et laissant la semelle absolument parfaite. Enfin, la chaussure est placée contre une brosse à rotation rapide qui finit la tige avec un éclat qui ferait pâlir d'envie n'importe quelle botte noire ordinaire. Une autre opération qui complète complètement le processus est le durcissement des bords avec de l'acier chaud, qui aboutit à produire un bord aussi dur que le fer. Lorsqu'elle est polie avec une teinture noire, elle ressemble exactement à une semelle neuve.

Quelques mots s'imposent à propos du talon. L'ancien talon ayant été retiré, plusieurs couches de cuir neuf à l'état brut sont clouées. La chaussure est ensuite amenée au taille-talon et est façonnée correctement puis lissée jusqu'à obtenir une surface brillante sur la roue tournante finement recouverte. En quelques secondes, il est teinté, lissé et poli. En moins de six minutes, la chaussure est prête pour le client.

CHAPITRE NEUF
CONDITIONS DE CUIR ET CHAUSSURE

ASSEMBLAGE. Comprend les opérations suivantes : clouer la semelle jusqu'à la forme, mettre la boîte et le contrefort de la chaussure, et mettre la tige de la chaussure sur la forme.

PATARAS. Terme utilisé pour désigner une bande de cuir recouvrant et renforçant la couture arrière d'une chaussure. L'anglais pataras désigne la bande de cuir qui rejoint les quartiers de chaque côté et qui y est cousue, formant la partie inférieure de la chaussure. Le pataras californien est un terme appliqué aux passepoils coincés dans la couture arrière .

SANGLE ARRIÈRE. La sangle par laquelle la chaussure est tirée sur le pied.

BAL. Abréviation du mot « Balmoral » et désigne soit une chaussure à lacets sur le devant pour hommes, femmes ou enfants, de hauteur moyenne, à distinguer de celle qui est ajustée à la cheville par des boutons, des boucles, des goujons en caoutchouc, etc.

BALLE. Fait référence à la plante du pied, à la partie charnue de la plante du pied, à l'arrière des orteils.

PERLES. Cela signifie plier les bords du cuir supérieur au lieu de les laisser bruts, ou faire rouler toute impression autour de la semelle jusqu'au talon. C'est ce qu'on appelle le siège roulant dans de nombreuses salles d'usine de chaussures .

BATTRE. La même chose que le nivellement. C'est le terme utilisé dans le travail du tour de fer.

LANGUETTE À SOUFFLET. Une large languette cousue sur les côtés du haut, visible sur des chaussures imperméables et de travail.

CEINTURE. Le terme s'applique au cuir de vache habituellement tanné sur l'envers, utilisé en différentes épaisseurs pour les courroies de machines.

ENTRE SUBSTANCE. La partie de la semelle qui retient le point.

BLACKBOULER. Masse de graisse et de noir de fumée, autrefois utilisée par les cordonniers sur les bords des talons et des semelles ; parfois appelé « la faute du cordonnier ».

NOIRCIR LE BORD. Noircissement ou teinture du bord de la semelle, de la trépointe ou de la partie du bord qui ne peut pas être aussi bien noircie en atelier.

BLOCAGE. La coupe ou le hachage d'une semelle dans une forme telle qu'elle puisse être arrondie.

FLORAISON. Terme souvent appliqué au dépôt blanc grisâtre qui s'accumule sur les chaussures en stock. Il peut être facilement essuyé.

BLÜCHER. Le nom d'une chaussure ou d'une demi-botte, créé par le maréchal Blücher de l'armée prussienne, à l'époque de Napoléon Ier. Il est devenu très populaire et a depuis reçu une faveur occasionnelle, étant utilisé avec des chaussures montantes comme botte de sport ou de chasse. Sa particularité est l'extension vers l'avant des quartiers pour lacer la languette, qui peut être une extension vers le haut de l'empeigne.

BOTTE. Terme utilisé (surtout à l'étranger) pour désigner les chaussures montantes pour femmes. Dans ce pays, cela s'applique uniquement aux chaussures hautes ou à dessus, généralement fabriquées avec des dessus rigides et solides. Il est parfois lacé, comme dans les bottes de chasse.

BOTTILLON. Jambière en cuir s'étendant entre le genou et la cheville, généralement en veau russe, — botte d'équitation originaire des Anglais.

REMPLISSAGE INFÉRIEUR. Le remplissage qui va dans l'espace bas en bas à l'avant de la chaussure. Il s'agit soit de liège broyé, de feutre goudronné ou d'un autre matériau de remplissage.

RÉCURAGE DU FOND. Ponçage des parties de la semelle, sauf le talon.

BOXE. Terme utilisé pour désigner le matériau de rigidification placé dans la pointe d'une chaussure pour la soutenir et conserver sa forme ; tels que le cuir, la composition de cuir et de papier, le grillage, le perçage (un tissu en coton) rigidifié avec de la gomme-laque, etc.

VEAU BOX. Un cuir exclusif bien connu présentant un grain de lignes rectangulaires croisées.

BOUT CARRÉ. Utilisé pour maintenir le bout de la chaussure afin de conserver sa forme. Il s'agit généralement d'une semelle en cuir, mais souvent faite de toile ou d'un autre matériau et rigidifiée avec de la gomme-laque ou de la gomme.

BRISER LA SEMELLE. Moulage de la semelle pour mieux épouser le ressort.

BROGAN. Une chaussure de travail lourde à chevilles ou clouées, de hauteur moyenne.

BROSSAGE. La finition finale du bord supérieur, du talon et du bas, au moyen d'un pinceau.

PEAU DE DAIM. Un cuir souple, généralement de couleur jaune ou grisâtre. Une façon de le préparer consiste à traiter les peaux de cerf dans de l'huile.

CHAMOIS. Un cuir fendu sur le côté, plus grossier que le grain d'un gant, mais par ailleurs similaire. Il est utilisé pour fabriquer des chaussures moins chères, principalement pour les hommes.

POLISSAGE. Identique au récurage du fond.

CABARETTA . Une peau de mouton tannée de finition supérieure utilisée pour le stock de chaussures. Il existe des moutons dont la texture de la laine n'est pas très éloignée du poil, qui produisent une peau d'une plus grande ténacité et d'une plus grande finition que celle du mouton ordinaire.

CACK. Une semelle inférieure en cuir sans talon. La chaussure d'un bébé s'appelle un cack.

CUIRS DE VEAU. Les peaux de bovins de boucherie de toutes sortes, pesant jusqu'à quinze livres, sont généralement incluses dans ce terme. Ils fabriquent un cuir solide et souple. Les peaux de veau étaient autrefois finies avec de la cire et de l'huile sur le côté chair, mais peuvent maintenant être fabriquées de manière à être finies sur le « grain », qui est le côté poil de la peau.

CASQUETTE. Un terme signifiant la même chose que pourboire.

CARTON. Une boîte en carton destinée à une paire de chaussures.

CIMENTATION. Il s'agit de l'opération consistant à placer du ciment sur la semelle extérieure et sur le bas de la chaussure passepoilée afin que la semelle extérieure soit maintenue à la chaussure par le ciment.

CHAMOIS. Cuir fabriqué à partir de peaux de chamois, de veaux, de cerfs, de chèvres, de moutons et de peaux refendues d'autres animaux.

CANALISER. Couper la semelle de manière à ce que le fil ou la couture soit éloigné de la surface. Dans le domaine des semelles extérieures, cela signifie préparer une place pour le point. Dans les semelles intérieures et les semelles tournantes, la canalisation est effectuée de manière à ce que les semelles soient prêtes à retenir la couture.

CANAL VISSÉ. Un processus par lequel la semelle est fixée à la tige. Après qu'un canal ait été découpé et posé sur l'extérieur de la semelle extérieure, la semelle extérieure et la semelle intérieure sont fixées ensemble, maintenant la tige et la doublure entre elles au moyen de vis métalliques, qui sont fixées dans ce canal. La partie biseautée est ensuite lissée sur les têtes des vis, les recouvrant entièrement de la vue et empêchant les vis de remonter facilement dans le pied.

CANAL COUSU. Méthode de fixation des semelles à la tige, soit par procédé McKay, soit par passepoil, dans laquelle une partie du côté extérieur de la semelle est canalisée, et les points sont ensuite recouverts sur le côté inférieur par le rebord de ce canal.

TOURNAGE DE CHAÎNE. Retourner un rebord ou un rabat de cuir de semelle (appelé canal), afin que la couture puisse être réalisée au bon endroit ; ou cela peut signifier relever le rabat ou le rebord du canal, c'est-à-dire la partie qui doit recouvrir le point.

VÉRIFICATION. Terme appliqué aux bords des talons ou des semelles qui se sont fissurés ou ont été blessés lors du processus de construction.

NETTOYAGE INTÉRIEUR. Nettoyage de la doublure.

NETTOYAGE DES ONGLES. Gratter le noircissement du dessus des limaces du talon.

NETTOYAGE DES CHAUSSURES. Enlever la saleté, la cire, le ciment, etc.

EN CLIQUANT. Couper le dessus des chaussures.

FERMETURE. Assembler deux ou plusieurs pièces.

CLÔTURE. Coudre la doublure et l'extérieur ensemble.

COLONIAL. Nom donné à une chaussure basse pour femme, avec une empeigne prolongée par une languette évasée et une grande boucle ornementale sur le cou-de-pied. La boucle et la languette sont les éléments distinctifs de la chaussure, que la chaussure se ferme avec un lacet ou une bride.

COLTSKIN . Le Coltskin est devenu largement utilisé dans la fabrication de chaussures au cours des dernières années. La peau d'un poulain est assez fine pour être utilisée comme une peau de veau dans son intégralité, avec un rasage tel que celui donné à toutes les peaux en tannage. Coltskin constitue une base solide nécessaire au cuir verni et a été beaucoup utilisé ces dernières années à cette fin. La Russie est la principale source d'approvisionnement.

COMBINAISON DERNIÈRE. Un avec une largeur de cou-de-pied différente de celle du ballon. Il peut y avoir une ou deux différences de largeur, comme la balle D avec un cou-de-pied B. Les formes combinées sont généralement utilisées pour ajuster les cou-de-pied bas.

COMPOSITION. Terme utilisé pour désigner les petits débris qui s'accumulent dans les tanneries et les usines, qui sont broyés et mélangés avec une pâte ou une sorte de ciment, et aplatis en feuilles qui sont utilisées comme semelles intérieures et, dans d'autres parties, dans diverses qualités de chaussures. , où l'usure n'est pas excessive.

GUÊTRE DU CONGRÈS. Une chaussure conçue spécialement pour le confort, avec des bandes en caoutchouc sur les côtés qui l'ajustent à la cheville, au lieu de lacets, et parfois réalisée avec des lacets sur le devant pour imiter une chaussure ordinaire.

CORDOUAN. À l'origine un cuir espagnol fabriqué à partir de cuir de cheval. Les Espagnols furent, pendant de nombreux siècles, les meilleurs maroquiniers. Le terme est appliqué à un cuir fleur provenant de la partie la meilleure et la plus résistante du cuir de cheval.

COMPTOIR. Renforcement de la partie arrière d'une chaussure, souvent appelé raidissement, pour soutenir le cuir extérieur et empêcher la chaussure de « déborder » au niveau du talon. Il est fait soit de cuir pour semelle, finement rasé sur le bord et façonné par des machines, comme dans les meilleures chaussures, soit de composition ou de papier, dans les chaussures bon marché. Le métal est parfois utilisé à l'extérieur des chaussures dans les marchandises lourdes des mineurs et des fourneaux.

ÉTIQUETTE DE COUPON. Un tag dans lequel est découpé un coupon pour chaque opération. Les agents détiennent une partie du coupon et les détenteurs des coupons sont payés pour la partie désignée.

PEAU DE VACHE. Désigne les peaux de bétail, plus lourdes que les kips, qui pèsent jusqu'à vingt-cinq livres chacune.

VAMP PLISSANT. Faire des rainures creuses sur le devant de l'empeigne pour ajouter à son apparence.

CREEDMORE . Chaussure d'homme à lacets lourds, à soufflet, coupe blucher.

LE CRÉOLE. Une chaussure de travail lourde pour le congrès. Cette chaussure, la creedmore et les brogans, sont généralement faites de grains d'huile, de kip ou de cuir fendu, parfois chevillés, parfois « cousus ».

SERTISSAGE. Façonner n'importe quelle partie de la tige afin qu'elle soit mieux conforme à la dernière.

SEMELLE COUSSINÉE. Une semelle intérieure élastique.

VAMP COUPÉ. Une coupure au pourboire par souci d'économie lorsque le pourboire doit être couvert par un plafond.

MOURIR . Découpe de semelles adaptées à la forme, de semelles extérieures, de semelles intérieures, de talonnettes, de contreforts ou de demi-semelles, avec une machine et une matrice.

DOM PEDRO. Une chaussure lourde à une boucle, avec languette à soufflet ou à soufflet. À l'origine, il s'agissait d'un nom de brevet désignant certaines chaussures fabriquées dans des matériaux nobles, mais il est désormais appliqué à des qualités bon marché.

DONGOLA. Une peau de chèvre épaisse et dodue, tannée avec une finition semi-brillante .

PANSEMENT. Procédé permettant de redonner à la tige sa finition d'origine au moyen d'un liquide appliqué avec une éponge.

RÉGLAGE DES BORDS. Le bord de finition de la semelle,—le polir.

COUPE DES BORDS. Couper le bord d'une semelle en douceur pour l'adapter à la forme.

ÉMAIL. Cuir bénéficiant d'une finition brillante côté fleur. Le processus est similaire à celui du cuir verni, sauf que le cuir verni est fini du côté chair, ou la surface de la fente.

ŒILLET. Un petit anneau de métal, etc., placé dans les trous pour le laçage ; les trous des œillets sont parfois travaillés avec du fil comme une boutonnière.

OEILLET . Mise des œillets.

ORIENTÉ VERS. Le veau ou la peau de mouton blanchis sont utilisés autour du haut de la chaussure, ainsi que le long de la rangée d'œillets et à l'intérieur de la tige.

POINT ÉQUITABLE. Terme appliqué aux coutures qui apparaissent autour du bord extérieur de la semelle, pour donner à la chaussure McKay l'apparence d'une chaussure passepoilée.

FAIRE SEMBLANT. Mettre un brillant sur n'importe quelle partie du bas de la chaussure.

RÉSULTATS. Les petites parties d'une chaussure, comme le noircissement, le ciment, les clous, la cire, les punaises, le fil, etc.

RABAT, LÈVRE ET ÉPAULE. Termes utilisés en relation avec le canal ou avec l'opération de couture.

DISCIPLE. Toute forme ou forme placée dans une chaussure dont la forme originale a été tirée.

FINITION DE L'AVANT. La teinture et le polissage de l'avant de la chaussure.

FORMULAIRE. Un terme appliqué à une forme de remplissage. Il peut être en bois, en papier mâché, en carton de cuir ou en tout autre matériau similaire, et est utilisé pour rehausser l'apparence d'échantillons de chaussures, dans les lignes des vendeurs ou dans les vitrines.

ROUX. Ayant la partie inférieure du quartier une pièce de cuir séparée ou recouverte par une pièce supplémentaire ; « slipper foxed » est un terme parfois appliqué aux chaussures à empeigne complète pour femmes.

ROUSSEUR. Le nom s'applique à la partie de la tige qui s'étend de la semelle aux lacets à l'avant et jusqu'à environ la hauteur du contrefort à l'arrière ; étant la longueur de la partie supérieure. Il peut être en un ou plusieurs morceaux et est souvent coupé jusqu'à la tige sous forme circulaire.

FRISURE. Un processus auquel les peaux de chamois et de lavage sont soumises, après que les peaux ont été épilées, grattées, « décharnées » et relevées. Elle consiste à frotter les peaux avec de la pierre ponce ou un couteau émoussé jusqu'à faire disparaître entièrement l'apparence du grain.

DEVANT. Un terme utilisé pour désigner une partie d'un congrès.

GUÊTRE. Terme généralement appliqué à un revêtement de cheville séparé ou à une chaussure de congrès.

GEMMES. L'opération de fabrication de semelles intérieures en pierres précieuses.

SEMELLES INTÉRIEURES EN PIERRES PRÉCIEUSES. Semelle intérieure pour chaussures passepoilées en cuir.

ENFANT GLACÉ. Voir Enfant.

GRAIN DE GANT. Une croûte de cuir légère et souple, pour chaussures ou garnitures pour femmes ou enfants.

PEAU DE CHÈVRE. Voir Enfant.

MONDE GOODYEAR. Terme utilisé pour désigner le processus de fixation de la semelle à la tige d'une chaussure au moyen d'une étroite bande de cuir appelée trépointe.

SANG. Un élastique en caoutchouc utilisé dans une chaussure de congrès. Il est également appliqué sur la longue pièce de cuir en forme de coin placée dans une tige pour l'élargir.

CLASSEMENT. Le tri des semelles extérieures et des demi-semelles pour obtenir un poids uniforme sur les bords des chaussures finies.

DEMI-SEMELLE. Moitié d'une semelle complète utilisée à l'avant du bas sous la semelle extérieure.

HARNAIS EN CUIR. Semblable aux ceintures, il est fabriqué à partir de peaux plus lourdes que les kips.

TALON. Fabriqué à partir de couches de cuir ou de bois appelées levages, et fixé à la partie arrière de la chaussure (assise du talon). Il existe différentes variétés de talons. Le talon français est un talon extrêmement haut avec un contour incurvé à l'arrière et à l'avant (poitrine). Il est parfois réalisé en bois recouvert de cuir, avec des épaisseurs de cuir semelle, ou encore tout cuir semelle. Le talon cubain est un talon haut et droit, sans la courbe du talon français ou « Louis XV ». Le talon militaire est un talon droit, pas aussi haut que le talon cubain. Un talon à ressort est un talon bas formé en prolongeant l'extérieur de la chaussure jusqu'au talon, avec un slip inséré entre la semelle extérieure et la latte du talon. Le talon compensé est quelque peu similaire à un talon à ressort, sauf qu'un talon en forme de coin est cloué à l'extérieur au lieu d'une fente. Le slugging heels est le processus de fixation du talon confectionné en une seule opération de la machine.

FINITION DU TALON. Noircissement et polissage du bord du talon.

DOUBLURE DU TALON. La doublure pour recouvrir les clous du talon à l'intérieur de la chaussure ; il est souvent connu sous d'autres noms.

TALONNETTE. Dans la fabrication de chaussures, il s'agit d'un petit morceau de feutre, de cuir ou d'une autre substance fixé et couvrant toute la largeur de la semelle intérieure au point sur lequel repose le talon. Un coussinet de talon est parfois appelé coussinet de talon.

DÉCAPAGE DU TALON. Ponçage du bord du talon, sauf la partie avant ou poitrine.

SIÈGE DE TALON. Partie de la semelle sur laquelle le talon est fixé.

CLOUAGE DU SIÈGE DU TALON. Clouage de la partie talon de la semelle.

GARNITURE DU SIÈGE DU TALON. Couper la partie arrière ou talon de la semelle.

RASAGE DU TALON. Raser le talon, le façonner.

PRUCHE BRONZÉE. Un processus de tannage du cuir par l'écorce de pruche.

SE CACHE. Distingué des peaux, dans le commerce. Les peaux font référence aux peaux d'animaux pesant plus de vingt-cinq livres. Les peaux font référence à des animaux plus petits ; comme peaux de chèvres, de veaux, de moutons.

INCRUSTER. Garniture de la tige par insertion d'un matériau identique ou différent de celui du corps dans lequel elle est incrustée. Il est utilisé à des fins décoratives sur une chaussure.

COUTURE INTÉRIEURE . Semelle à coudre sur chaussure tournante. Le passepoil et l'entrejambe sont pratiquement la même opération.

COUPE DE L'ENTREJAMBE. Couper le surplus de cuir ; Le terme s'applique également au tirage des punaises de semelle.

SEMELLE INTÉRIEURE. La première semelle repose sur la dernière et constitue la base de toutes les chaussures à semelles intérieures. Il s'agit d'une partie importante mais invisible d'une chaussure. Cette semelle intérieure est la partie sur laquelle la tige et la semelle extérieure sont cousues ou clouées dans les chaussures McKay et passepoilées.

INSPECTER. L'examen des chaussures pour s'assurer que le travail est parfait ; on l'appelle parfois couronnement.

INSPECTION DE LA SEMELLE INTÉRIEURE. L'opération consistant à chercher des punaises à l'intérieur de la chaussure.

CAMBRURE. Le dessus de la voûte plantaire.

FER. Terme indiquant l'épaisseur du cuir de la semelle ; chaque unité mesure environ un trente-deuxième de pouce d'épaisseur.

DESSUS DE REPASSAGE. Éliminer les rides de la tige et les lisser avec un fer chaud.

JULIETTE. Une pantoufle de femme coupée un peu au-dessus de la cheville devant et derrière et coupée sur les côtés s'appelle une Juliette.

KANGOUROU. La peau de l'animal de ce nom, qui fait un cuir magnifique, de texture ferme. C'est assez cher, c'est pourquoi des substituts sont sur le marché sous le même nom.

ENFANT. Terme appliqué au cuir de chaussure fabriqué à partir de peaux de chèvres matures.

KIP. Terme appliqué au cuir fabriqué à partir de peaux pesant entre quinze et vingt-cinq livres.

SÉJOUR EN DENTELLE. Une bande de cuir renforçant les trous des œillets.

CROCHET EN DENTELLE. Un œillet se prolonge en un crochet recourbé, autour duquel le lacet est enroulé. Il est le plus souvent utilisé dans les chaussures pour hommes et garçons, bien que récemment certaines aient été inventées pour être utilisées dans les chaussures pour femmes avec des extrémités incurvées, pour éviter d'accrocher la robe.

LAÇAGE. L'opération consistant à mettre des lacets dans les chaussures.

DERNIER. Une forme en bois sur laquelle la chaussure est construite, lui donnant sa forme distinctive.

DURABLE. Le processus de fabrication de la tige conforme à la forme à tous égards. Les opérations de montage et de dépose font partie de la pérennité.

POSE DE CANAL. Baisser le rebord ou le rabat pour couvrir les coutures.

NIVELLEMENT. Façonner la semelle jusqu'au bas de la forme.

ASCENSEUR. Nom donné à une épaisseur de cuir de semelle utilisée dans le talon. Le levage supérieur est le levage inférieur, lorsque la chaussure est à l'endroit, et constitue la dernière pièce mise en place lors de la fabrication.

GARNITURE. La partie intérieure de la chaussure, généralement en tissu (mat) ou en peau de mouton.

COUPE DE DOUBLURE. Opération de découpe des doublures en tissu.

DOUBLURE. Opération consistant à mettre une doublure à l'intérieur de la chaussure pour recouvrir la semelle intérieure ou une partie de la semelle intérieure.

CHARGEMENT DU CUIR. Remplir les pores du cuir avec du glucose pour augmenter son poids.

FAIRE DES DOUBLURES. Consiste à fermer le talon de la doublure ; mettre sur le dessus et le côté ou le séjour à œillets.

MARQUAGE DES CORRESPONDANCES. Opération réalisée sur des tiges colorées, à l'exception du noir, pour obtenir que différentes parties de la tige aient la même teinte et la même couleur, et que les deux chaussures de la paire soient identiques.

TAPIS. Un terme appliqué à un enfant au fini mat, par opposition au vernis.

MCKAY COUSU OU MCKAY. Chaussure dans laquelle la semelle extérieure est fixée à la semelle intérieure et à la tige par une méthode nommée en l'honneur de l'inventeur.

COUTURE MCKAY. Coudre de part en part pour que le fil soit visible à l'intérieur de la chaussure.

SEMELLE INTERMÉDIAIRE. N'importe quelle semelle entre la semelle extérieure et la semelle intérieure.

MOCK WELT. Chaussure cousue McKay à double semelle et dotée d'une doublure en cuir. Il est juste cousu pour imiter une trépointe.

PEAU DE SINGE. Peau au grain particulier, considérée dans le commerce comme un cuir de fantaisie. Il est souvent imité.

MAROC. Un nom appliqué au cuir fabriqué à l'origine au Maroc. Il s'agit d'une peau de chèvre tannée au sumac, de couleur rouge, utilisée dans la reliure des livres. Le nom s'applique également à un cuir fabriqué à son imitation et aux peaux de chèvre lourdes et dodues utilisées pour les chaussures.

MOULAGE. Façonner la semelle pour qu'elle s'adapte au bas de la forme.

MULES. Le nom s'appliquait aux pantoufles sans compteurs ni quartiers.

SIESTE. Le côté laineux de la peau, du tissu ou du feutre.

NAUMKEAGING . Lisser le fond avec du papier de verre fin. Parfois le grain de polissage.

ANNULATEUR. Une chaussure avec une empeigne haute et un quartier, tombant bas sur les côtés, réalisée avec une courte bande en caoutchouc pour l'été ou la maison.

CHÊNE TANNÉ. Processus de tannage au moyen d'une substance obtenue à partir de l'écorce de chêne.

CUIR HUILÉ. Cuir préparé en curryant les peaux dans l'huile. Les peaux sont humides, afin que la matière huileuse puisse être progressivement et complètement absorbée.

SUINTER. Un cuir de veau beige chromé traité côté chair de telle manière que les longues fibres se détachent et forment une surface pelucheuse ; réalisé dans de nombreuses couleurs.

DÉCOUPE EXTÉRIEURE. Couper les parties en cuir de la chaussure, comme l'empeigne, la pointe, le dessus, etc.

ROBINET EXTÉRIEUR. Le robinet utilisé à l'extérieur des chaussures lourdes pour hommes ou garçons.

SEMELLE EXTÉRIEURE. La semelle à côté du sol, sur laquelle vient toute l'usure.

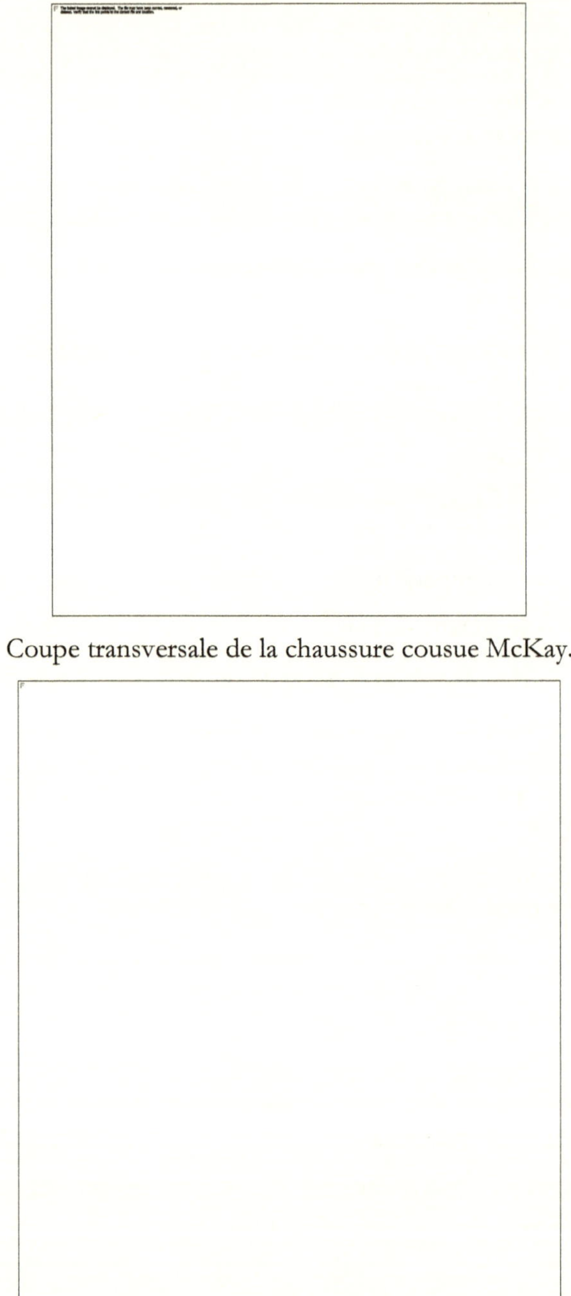

Coupe transversale de la chaussure cousue McKay.

Coupe transversale de la chaussure Goodyear Welt.

OXFORD. Une chaussure basse pas plus haute que le lacet, le bouton ou le going du cou-de-pied, fabriquée dans les tailles hommes, femmes et enfants.

PEAUX D'EMBALLEUR. Peaux enlevées dans les grands abattoirs. Leur prix est légèrement plus élevé, car leur retrait nécessite beaucoup de soin et de compétence.

EMBALLAGE. Placer une paire de chaussures dans un carton.

PACS. Couvre-pieds en cuir de veau de bonne qualité, semblable en forme et en aspect au mocassin indien. Ils n'ont pas de semelle en cuir. S'ils sont correctement fabriqués, ils sont étanches.

CRÊPE. Terme appliqué à l'un des nombreux cuirs artificiels formés à partir de chutes de cuir, finement rasées et collées ensemble sous une forte pression.

COMPTEUR COLLÉ. Celui qui est découpé à partir de deux morceaux de cuir de semelle collés ensemble. On l'appelle parfois compteur en deux parties.

CUIR VERNI. Cuir verni.

MODÈLE. Modèle par lequel les pièces composant la tige d'une chaussure sont coupées, appliqué collectivement à la tige tel que modifié par la forme différente de ces pièces.

GALET. Terme utilisé dans le procédé pour faire ressortir la fleur du cuir et lui donner un aspect rugueux ou frotté.

LE RATTACHEMENT. Semelles durables avec piquets.

PERFORATEUR. Faire de très petits trous autour de certaines parties du dessus. Elle est réalisée principalement à des fins de décoration.

POLONAIS. Le nom d'une chaussure à lacets pour dames ou jeunes filles, de coupe plus haute que « bal », et nommé de Pologne, d'où il est originaire.

PRESSAGE. Consiste en une pression à plat sur les talons et les semelles, pour éviter la fissuration des bords et faire adhérer les pièces.

MARSOUIN. Cette peau est parfois utilisée pour fabriquer du cuir et des lacets de bottes, mais les peaux de marsouin sont généralement obtenues à partir de baleines blanches.

TIRER DURE. Retirer les formes des chaussures.

S'ARRÊTER. Tirer le haut sur la forme et le fixer en position.

POMPE. Chaussure basse ne comportant à l'origine aucune fermeture, telle que des lacets ou des boutons. Une pompe est coupée plus bas que le cou-de-pied.

SEMELLE DE POMPE. Une semelle unique extra légère, transparente jusqu'à l'arrière du talon. Les semelles d'escarpins des années précédentes se distinguaient par leur flexibilité et étaient tournées à la main.

METTRE EN PLACE. Coller la demi-semelle à la semelle extérieure.

QUART. La partie arrière de la tige lorsqu'une empeigne complète n'est pas utilisée. Le terme est principalement utilisé dans les chaussures pour femmes , les Oxford ou les chaussures basses.

RAND. Fabriquées avec une semelle en cuir à peu près aussi large qu'une trépointe, mais fine sur un bord. Il est cloué au talon de manière à équilibrer le talon uniformément sur la semelle et à remplir tout espace ouvert autour du bord entre la semelle et le talon.

COUTURE RAPIDE. Coudre la semelle à la trépointe.

RE-DURABLE . Consiste à mettre des formes dans des chaussures dont les formes d'origine ont été retirées.

RÉPARATION. Terme appliqué au remplissage de légères fissures dans les pointes vernies ou le cuir verni.

ROUAN. Peau de mouton tannée au sumac. Le procédé est similaire dans ses détails à celui utilisé pour le cuir maroquin , mais il lui manque le grainage donné au maroquin par les rouleaux rainurés lors de la finition. Il imite le maroquin non grainé .

ROULANT. Processus consistant à faire passer le cuir entre les rouleaux pour le rendre ferme et dur. Le laminage consiste à polir le fond au rouleau et au pinceau.

ARRONDI GROSSIER. Semelle extérieure arrondie à la forme de la forme et canal découpé dans les chaussures passepoilées.

REDEVANCE. Sommes versées pour l'utilisation de machines aux entreprises d'usinage.

VEAU ROUX. Le veau de couleur roux est fabriqué à partir de peaux de veau.

GRAINS ROUX. Le grain de couleur roux est fabriqué à partir d'une croûte de cuir de vachette.

SABOT. Le nom d'un sabot en bois d'une seule pièce, sculpté dans un bloc de tilleul. Une nouveauté pour les Américains, mais portée par les habitants des zones rurales et manufacturières des Pays-Bas, de l'Allemagne et de la France.

DOUBLURE DE SAC. La doublure à l'intérieur de la chaussure et de la semelle intérieure.

SANDALE. Le nom d'une pantoufle à bride pour femme, ou d'une semelle portée par les enfants. Initialement fixé au pied par des sangles.

VEAU SATINÉ. Un grain fendu, bourré d'huile et au fini lisse.

RÉCURER LE SEIN. Ponçage de la partie avant du talon.

FIXÉ À VIS. Une chaussure dont la semelle est fixée avec des vis, comme dans les chaussures bon marché ou de travail.

GRAINS DE PHOQUE. Habituellement une chair fendue, avec un grain artificiel qui est estampé ou imprimé sur le cuir fini.

DEUXIÈME DURÉE. La même chose que renouveler . Terme le plus utilisé à son tour, travail.

JARRET. La position médiane du bas du pied. Des supports de tige sont placés dans des chaussures pour rigidifier cette partie du fond. Ils sont en acier, en bois ou en une combinaison de planche de cuir et d'acier et peuvent être placés dans la chaussure à tout moment avant la pose de la semelle extérieure.

BRUNISSAGE DE LA TIGE. Polissage d'une tige noire avec du fer chaud.

FINITION DE LA TIGE. Finition de la tige en noircissement ou en couleurs. Le levage supérieur est généralement terminé en même temps.

SORTIR. Cela signifie rendre le bord de la tige plus fin que l'autre partie de la semelle et le rendre lisse.

PEAUX DE MOUTON. Utilisé en grande partie pour les doublures et pour les chaussures bon marché pour femmes et enfants. Il est trop mou et de texture trop fragile pour supporter une usure intensive et est susceptible de se fendre et de se déchirer.

VAMP COURT. Un vampire raccourci. La distance entre la pointe extrême et la gorge de l'empeigne se raccourcissait pour les apparences.

CÔTÉS. Cuir fabriqué à partir de peaux divisées en deux côtés au dos.

CÔTÉ DURABLE. Durable uniquement sur le côté de la chaussure.

TAILLE. Les chaussures sont mesurées en longueur et en largeur. La longueur est exprimée par des chiffres et les largeurs par des lettres.

PEAUX. Terme utilisé pour désigner la peau des petits animaux, comme les chèvres.

PLINTHE. Les parties extérieures du cuir (peau), telles que les jarrets, les ventres, les cous, etc.

SKIVING. Faire en sorte que la semelle ait la même épaisseur dans toutes les parties. Parer signifie couper ou raser jusqu'à obtenir un bord fin. Cette opération peut être effectuée au département de découpe ou au département de couture.

GLISSER. Le nom s'appliquait aux talons à ressorts ou aux semelles. Le slip est un mince morceau de cuir inséré au-dessus de la semelle extérieure.

COUP DE POING. Balles d'entraînement dans les talons, sur une partie ou la totalité du talon.

DOUBLURE DE CHAUSSETTE. La doublure pour semelle intérieure, à l'intérieur de la chaussure.

POINTE SOUPLE. Terme appliqué à une chaussure sur laquelle aucune boxe n'est utilisée sous la pointe.

SEMELLES ET SEMELLE EN CUIR. Nom appliqué aux morceaux de cuir de différentes épaisseurs situés sur le dessous d'une chaussure, généralement fabriqués à partir de peaux de cuir épaisses. Il existe de nombreuses variétés de semelles : une semelle « full-double » comporte deux épaisseurs de cuir s'étendant jusqu'au talon ; la semelle « demi-double » est une semelle extérieure complète, avec un glissement s'étendant jusqu'à la tige ; la semelle unique se définit elle-même ; « tap » est une demi-semelle .

POSE DE SEMELLE. La pose de semelle est l'opération de pose de la semelle extérieure.

TRI. Processus de sélection et de tri des semelles, afin qu'elles puissent être présentées dans différentes qualités.

CRACHER. Les chaussures en stock sont parfois recouvertes d'une substance poudreuse blanc grisâtre, qui ressemble à de la moisissure. Cette formation sur le cuir qui n'est pas complètement séché est appelée crachat, et le dépôt est appelé floraison. Il peut être facilement essuyé et n'indique aucun défaut ou problème grave avec le cuir. Il ne s'agit pas d'une moisissure ou d'une croissance, mais apparemment d'une exsudation de matières utilisées dans le tannage.

SE DIVISE. Nom appliqué au cuir refendu, c'est-à-dire à deux ou plusieurs parties de la peau.

TALON À RESSORT. Se compose d'un ou plusieurs élévateurs utilisés entre la semelle extérieure et la tige. On le voit principalement dans les chaussures pour enfants et est souvent appelé talon compensé. Il peut également être mis à l'extérieur plutôt que sous la semelle extérieure.

ESTAMPILLAGE. L'opération consistant à mettre la taille et la largeur à l'intérieur de la chaussure. Certaines parties de la tige sont souvent estampillées ou marquées afin que l'ensemble soit correctement assemblé dans la salle de couture.

RESTER. Nom donné à toute pièce de cuir mise dans la tige pour la renforcer ou pour renforcer une couture.

ESTAMPAGE DES FONDS. L'opération d'estampage du nom en bas. Elle est souvent réalisée dans les salles de finition.

CARTON D'ESTAMPAGE. Mettre la taille, la largeur et d'autres marques sur le carton.

TAILLES D'ESTAMPAGE. Estampage des tailles sur la partie talon de la semelle.

FIXATION STANDARD. Clouage du fond sur machine à vis standard.

RESTER. Mise en place d'un renfort, généralement d'un renfort de talon.

SÉPARATION DES POINTS. Marquer entre les mailles pour les mettre en valeur.

RABATTRE. Terme appliqué à une chaussure flexible utilisée dans l'armée, dans laquelle le dessus est retourné au lieu du dessous et cousu à travers la semelle.

COUSU EN ALTITUDE. Terme utilisé pour indiquer que les points de couture sont visibles en bas. Aucun canal n'est nécessaire dans cette semelle. Il peut s'agir d'un léger sillon. Lors de la couture, la chaussure est maintenue de bas en haut, d'où le nom « cousu en haut ».

TOUT DROIT EN DERNIER. Celui qui n'est ni à droite ni à gauche, et une chaussure confectionnée sur une telle forme peut être portée sur l'un ou l'autre pied. Ce terme est parfois appliqué aux chaussures droites et gauches qui présentent un balancement extérieur à peine perceptible.

DÉCAPAGE. Consiste à découper des bandes suffisamment larges pour couper des semelles toutes de même longueur.

SUÈDE. Terme commercial appliqué aux peaux de chevreau, finies côté chair.

BALANÇOIRE. Terme appliqué à la courbe du bord extérieur d'une semelle.

S'ATTAQUER. Consiste à poser la semelle extérieure sur les chaussures de McKay.

TIRER ET TAILLER. Consiste à préparer le fond pour le passepoil. Cela améliore également l'opération.

TAMPICO. Une variété de peaux de chèvre provenant de la province de Tampico, Amérique Centrale.

ROBINET. Moitié d'une semelle complète, souvent appelée demi-semelle lorsqu'elle est utilisée sous la semelle extérieure.

BRONZER. Le bronzage est une sorte de cuir brunâtre.

BRONZAGE. Le tannage est le processus de transformation des cuirs ou des peaux en cuir.

APPUYEZ SUR DÉCOUPER. Façonner le robinet pour qu'il se conforme à la semelle.

TAWING. Processus de fabrication du cuir en trempant les peaux dans une solution de sel et d'alun, ou en les tassant avec du sel sec et de la poudre d'alun. Utilisé pour préparer des tapis en peau et des fourrures.

TREMPE. Opération qui consiste à mouiller le cuir dans l'eau pour éliminer la dureté et rendre le cuir «moulé», afin de faciliter son travail.

CONSEIL. La butée qui est cousue à l'empeigne et à l'extérieur de celle-ci. La pointe de crosse est une pointe du même matériau que l'empeigne. La pointe vernie est une pointe en cuir verni. La pointe du diamant fait référence à la forme qui remonte jusqu'à un point. L'imitation d'une couture sur l'empeigne est une imitation d'une pointe.

COUPE DE POINTE. Couper la pointe qui va sur le bout de l'empeigne.

BOUT ET TALON DURABLES. Talon et pointe durables.

EMBOUT. Une pièce attachée à l'empeigne coupée pour l'allonger.

LANGUE. Une étroite bande de cuir indispensable sur toutes les chaussures lacées.

HAUT. La partie de la tige située au-dessus de l'empeigne ; bout de chaussure.

COUPE SUPÉRIEURE. Couper le dessus uniquement.

FACE AU DESSUS. La bande de cuir ou la bande de tissu autour du haut de la chaussure à l'intérieur est appelée la face supérieure. Il ajoute à la finition de la doublure et est parfois utilisé pour annoncer le nom des fabricants par un dessin de lettres tissées ou cousues dessus.

ASCENSEUR SUPÉRIEUR. L'ascenseur qui est à côté du sol.

RÉCURAGE PAR LE HAUT. Ponçage du haut du talon pour le rendre lisse.

COUTURES SUPÉRIEURES. Se compose de coutures sur le haut et sur le côté.

ARBORESCENCE. Façonner la chaussure, la rendre lisse. Produit le même effet que le repassage, même si aucun fer chaud n'est utilisé. Cela rend la partie supérieure rebondie et lui donne une bonne finition et une bonne « sensation ».

COUPE DE COUPE. Couper les haubans, les parements et autres petites parties de la tige.

COUPER L'EMPEIGNE. Couper le fil qui pende ou qui dépasse.

TOURNANT. Pour retourner la chaussure à l'endroit. Tournant également le côté supérieur droit vers l'extérieur.

CHAUSSURE TOURNÉE. Belle chaussure pour dame fabriquée à l'envers, puis retournée à l'endroit, opération qui nécessite l'utilisation d'une semelle fine, souple et de bonne qualité. La semelle est fixée sur la forme, la tige est passée dessus sur l' envers, puis les deux sont cousues ensemble, le fil s'accrochant à travers un canal creusé dans le bord de la semelle. La couture ne traverse pas le bas de la semelle où elle risquerait de frotter le pied à l'intérieur.

SUPÉRIEUR. Terme appliqué collectivement aux parties supérieures d'une chaussure.

SANS GRAIN. Surface lisse.

VAMP. Partie inférieure ou avant de la tige d'une chaussure. C'est la pièce la plus importante de la tige et doit être coupée dans la partie la plus solide et la plus propre de la peau. L'empeigne « cut-off » est une empeigne qui s'étend uniquement jusqu'à la pointe, au lieu de se poursuivre jusqu'à la pointe et de durer en dessous avec la pointe. L'empeigne entière est celle qui s'étend jusqu'au talon sans couture.

VAAMPER. Coudre l'empeigne vers le haut.

COUPE DE VAMPIRE. Empeigne coupante avec ou sans pointe.

VELOURS. Une finition pour le cuir de veau. C'est le nom français du velours et est utilisé dans le commerce de la chaussure pour désigner un cuir de veau verni tanné au chrome. C'est un excellent cuir au fini lisse et velouté.

VÉLIN. Un nom pour les peaux transformées en une variété de parchemins.

PLACAGE. Consiste à alourdir des semelles, entières ou partielles, au moyen de carton-cuir ou autre matériau fixé à la semelle par un adhésif.

ACQUISITION. Un matériau initialement conçu pour la confection de gilets. Tel qu'utilisé dans les chaussures, il est fabriqué avec un tissage fantaisie, avec un support en bougran rigide ou en tissu traité au caoutchouc pour le renforcer.

VISCOLISANT . Une méthode brevetée d'imperméabilisation du cuir de semelle par l'utilisation d'huiles partiellement émulsionnées ayant tendance à résister à l'eau. Les semelles viscolisées sont utilisées dans les bottes de chasse et de sport.

VICCI. Un nom commercial breveté pour une marque de chevreau bronzé au chrome.

LAVER LE CUIR. Une qualité inférieure de chamois.

PAPULE. Une étroite bande de cuir cousue sur le dessus d'une chaussure avec une semelle intérieure laissant le bord de la trépointe s'étendre vers l'extérieur, de sorte que la semelle extérieure puisse être fixée en cousant à la fois la trépointe et la semelle extérieure, autour de l'extérieur de la chaussure. La fixation de la semelle et de la tige implique donc deux coutures , d'abord la semelle intérieure, la trépointe et la tige, puis la semelle extérieure à la trépointe. Le nom est appliqué à la chaussure elle-même lorsqu'elle est fabriquée de cette manière pour la distinguer d'une chaussure tournée ou cousue McKay. C'est la méthode utilisée par les cordonniers dans la production de chaussures cousues à la main pour attacher ensemble la semelle et la tige. La trépointe Goodyear est une trépointe dans laquelle la couture est réalisée par une machine portant le nom de l'inventeur. Il existe très peu de chaussures cousues main.

WELT BATTRE. L'aplatissement de la trépointe, la rendant lisse.

SOUDURE. Coudre la trépointe à la chaussure.

ALUN BLANC. Cuir blanchi tagué à l'alun blanc.

CAISSE EN BOIS. Grande boîte pour douze paires ou plus.

CHAPITRE DIX
FABRICATION D'ARTICLES EN CUIR

L'utilisation des gants est si ancienne que des reliques ont été trouvées dans les habitations des habitants des cavernes. Les Romains les utilisaient comme articles vestimentaires décoratifs et les Grecs pour protéger les mains lors de travaux lourds.

Les gants des dames et des messieurs à l'époque de la reine Elizabeth, et avant et après, étaient des plus beaux en termes de fabrication et d'embellissements, mais ils étaient généralement des choses informes, et de nos jours, personne ne les portait ; ils ne doivent pas être comparés au style élégant et à la finition artistique du produit moderne.

Lorsque le monde social était limité, pour ainsi dire, en nombre de ses membres pouvant se permettre certains luxes de la vie, l'usage du gant était largement réservé à la royauté, à la noblesse et aux classes aisées. Et le commerce n'étant pas étendu, les prix étaient élevés, auxquels s'ajoutaient des travaux d'aiguille décoratifs afin que le fabricant et ses employés puissent soutirer le plus d'argent possible à l'acheteur final. Si la fabrication de gants constitue aujourd'hui l'une des stabilités de la manufacture moderne, elle évolue néanmoins constamment dans ses styles, en raison de l'avidité pour les nouveautés et les nouvelles modes.

La fabrication de gants en cuir, sous une forme grossière et brute, était pratiquée dans ce pays dans une mesure très limitée dans l'État de New York dès 1760, par des fabricants de gants amenés d'Écosse pour s'installer sur les concessions de Sir William Johnson, à Fulton. comté . Mais il n'y avait pas de marché général pour le produit domestique jusqu'à ce qu'on en trouve un à Albany en 1825. Ces premiers gants, grossiers et maladroits, étaient coupés avec des cisailles dans le cuir au moyen de modèles en carton, et les hommes se chargeaient de les couper et les femmes de les coudre. Des matrices ont ensuite été introduites, ce qui a conduit à une grande amélioration du caractère du résultat.

Mais un pas en avant encore plus grand fut réalisé avec l'introduction de la machine à coudre en 1852. Cela abolit complètement le travail manuel, mais l'industrie resta néanmoins en grande partie de nature domestique, puisqu'elle pouvait être exercée à la maison avec une machine aussi bien qu'en usine. . Plus tard, la vapeur a été installée dans les usines pour faire fonctionner les machines. La découpe des gants et les coutures sur le dos ont été réalisées avant que les gants ne soient envoyés pour être terminés au domicile des travailleurs.

Comme dans tout ce qui permet aujourd'hui de substituer le pouvoir au travail manuel, les méthodes de fabrication des gants ont subi une grande transformation. Le traitement des peaux dans une grande cuve de trois pieds de profondeur, la teinture et le décapage entiers, dans des pièces à haute température, a été remplacé par la mise des peaux et des couleurs dans une boîte en forme de cube qui, tournant avec un mouvement irrégulier, produit le même résultats plus rapides que par la voie primitive. Mais lorsque la couleur ne doit être appliquée que sur une seule face, le procédé est le même qu'auparavant : utilisation manuelle d'un pinceau pendant que la peau est étalée sur une plaque.

Lorsqu'elles sont extraites du stock disponible pour être transformées en gants, la première chose que font certains fabricants de gants avec les peaux est de les « nourrir » avec des œufs – pas des œufs aux mérites suspects, mais suffisamment bons pour être utilisés sur la table. Et parmi ceux-ci, on n'utilise que le jaune. Un gantier importe de Chine de grandes quantités de jaunes d'œufs de cane pour son travail, et sa consommation annuelle de jaunes s'élève à dix-sept mille.

Lorsque les peaux quittent la teinturerie, elles sont rapidement séchées dans des greniers chauffés à la vapeur ; et bien que rigides et rugueux, ils sont, ou ont été, travaillés pour devenir doux et lisses sur un étendard en bois vertical, appelé pieu, au sommet duquel est fixé un couteau semi-circulaire émoussé. Par-dessus, la peau est tirée à la main, d'avant en arrière, jusqu'à ce qu'elle devienne aussi souple et délicate que la soie. Lorsque ce travail était effectué manuellement, il était très laborieux. Mais maintenant, il a été principalement repris par des machines très ingénieuses, qui semblent, en fonctionnement, comme si elles pouvaient déchirer une peau en fragments par la façon dont elles la brisent et la tirent, mais qui sont réglables avec une telle finesse d'action et de puissance que le travail est fait exactement comme on le souhaite.

L'opération suivante consiste à éplucher les peaux jusqu'à obtenir une épaisseur uniforme. Ce fut aussi pendant longtemps un travail manuel, réalisé avec un couteau de forme particulière, mais maintenant les ouvriers utilisent des meules émeri, aux bords arrondis, qui, avec leur aide, font un travail tout aussi bon et beaucoup plus rapide de dessin et éclaircir les peaux avec une précision absolue. Ceci termine le traitement de la peau.

Maintenant commence la fonction du coupeur, et il doit être un ouvrier expérimenté et doté de bon jugement, en ce sens qu'il doit lutter contre l'inélasticité inconstante de la peau, la réduisant à une résistance uniforme. Il doit obtenir autant de morceaux de la taille d'un gant de chaque peau et adapter les morceaux aux caractéristiques particulières de la peau. Une fois terminé avec une peau, il ne devait laisser, comme inutiles, que de insignifiantes lanières et lambeaux. La forme du gant qu'une femme passe sur sa main dépend entièrement de l'intelligence et de l'habileté du tailleur. Dans les usines américaines, le coupeur vient généralement d'un centre de fabrication de gants en Europe et d'une famille dont l'occupation est la fabrication de gants depuis des siècles.

Un poinçon découpe ensuite ces pièces de gants en forme, formant et divisant les doigts, fendant les boutonnières, fournissant des pièces latérales pour les doigts et les pouces, ainsi que les fragments utilisés pour renforcer les boutonnières. La couture, autrefois l'œuvre des femmes, est désormais réalisée sur des machines d'une capacité exceptionnelle et d'une qualité exceptionnelle de coutures complexes. Le nombre de tailles de gants fabriquées est suffisant pour répondre à toutes les demandes probables. Une fois cousus et les boutons ou fermetures mis, ils passent sous l'œil critique d'un inspecteur pour un examen minutieux des défauts. Ensuite, ils sont finalement façonnés à la main en métal chaud, lissés, cerclés, mis en boîte et envoyés à la salle de vente pour expédition.

Les premier et quatrième doigts d'un gant sont complétés par des goussets, ou bandes, cousus uniquement sur la face intérieure ; mais les deuxième et troisième doigts nécessitent des soufflets des deux côtés pour compléter les doigts. En plus de cela, de petites pièces en forme de losange sont cousues à la racine des doigts. Un soin particulier est nécessaire lors de la couture des repose-pouces, car les gants de mauvaise qualité cèdent généralement à ce stade.

Les gants à doublure naturelle sont désormais assez courants, même s'il n'y a pas si longtemps qu'ils étaient considérés comme impraticables. Ceux-ci sont fabriqués à partir de peaux de divers animaux dont les poils sont laissés sur la peau pour former la doublure.

CUIR POUR AUTOMOBILES ET MEUBLES

Pour le cuir des automobiles et des meubles, seules des peaux de choix doivent être utilisées. Les peaux généralement employées pour cette classe de cuir sont françaises et suisses, car elles sont pleines et rebondies sur le ventre, exemptes de coupures dans la chair et ont un grain clair. Les peaux sont parées avant d'être placées dans les fosses de trempage, toutes les parties inutiles, comme le nez, les jarrets, etc., étant découpées.

Après avoir été trempées pendant un jour ou deux, les peaux sont retirées, charnues et remises au trempage pour un ramollissement complet. Une fois complètement trempés, ils sont basculés et enroulés dans la première chaux. La première chaux doit être une chaux faible et moelleuse, sinon un grain dur apparaîtra une fois le cuir tanné. Les peaux sont enroulées chaque jour pendant sept jours pour obtenir des limes plus fortes, lorsqu'elles sont prêtes à être épilées. Après avoir été retirées du tilleul, les peaux doivent être plongées dans une fosse d'eau douce chauffée à environ 90 degrés Fahrenheit et laissées toute la nuit avant de commencer à être épilées. Après l'épilage, ils sont jetés dans une cuve d'eau propre et soigneusement travaillés sur le grain pour éliminer les poils courts et les écussons et sont ensuite prêts à être battus. Celui qui a une petite action bactérienne est préféré à un bate acide. Après le battage , les peaux reçoivent un bon écumage sur le grain et sont alors prêtes pour les liqueurs de tannage.

Les liqueurs sont à base de pruche et de chêne et sont utilisées très faiblement au départ. Les peaux sont suspendues pendant une journée dans une liqueur ne dépassant pas six degrés de densité spécifique, et le lendemain, elles sont transférées dans une liqueur plus forte. Le stock reçoit chaque jour des liqueurs plus fortes jusqu'à ce qu'il soit suffisamment bronzé pour être fendu.

Le stock est retiré en douceur et amené à la machine pour être fendu. Le polissage est d'abord enlevé et vendu pour des bandeaux de chapeaux, des portefeuilles, etc. Les grains sont finis et les fentes sont renvoyées dans les liqueurs de tannage pour être soigneusement tannées. Dès que les fentes sont tannées, elles sont lavées, égouttées puis foulées au tambour dans une liqueur de sumac. On les récure maintenant et, après avoir été bien disposés, on les huile bien avec de l'huile de morue.

Ils sont maintenant punaisés sur les cadres et séchés. Ils sont ensuite retirés des cadres et embarqués à la main sur la table. Les fentes sont emmenées au magasin japonais et sont à nouveau clouées et sont prêtes pour la première couche de torchis. Deux couches sont appliquées. Après chaque couche, les fentes sont bien frottées, lorsqu'elles reçoivent la couche plus lisse. Les couches de couleur sont maintenant appliquées et après séchage, le cuir est grainé et fini.

Examinez les caoutchoucs que nous portons pendant l'hiver et par temps orageux.

Les couvre-chaussures en caoutchouc sont conçus pour protéger la chaussure de l'eau et de la neige et peuvent prendre la forme de pantoufles ou d'arctiques. Le revêtement est rendu imperméable au moyen d'un mélange de caoutchouc.

Le caoutchouc est le nom donné à un jus laiteux coagulé obtenu à partir de nombreux arbres, vignes et arbustes différents qui poussent sur cette partie de la surface de la terre qui forme une bande à environ trois ou quatre cents milles de chaque côté de l'équateur.

Caoutchouc brut.

Le caoutchouc est classé commercialement selon la région où il se trouve. Par ordre d' importance , on peut le diviser en trois sortes générales, à savoir les espèces américaines, africaines et asiatiques. Les meilleures et plus grandes quantités de caoutchouc proviennent du Brésil, le long des rives du fleuve Amazone. Les pays du nord et de l'ouest de l'Amérique du Sud, ainsi que les

États d'Amérique centrale et le Mexique, fournissent une quantité considérable de caoutchouc. L'Afrique de l'Est et de l'Ouest produit également de nombreuses sortes de caoutchouc en grandes quantités, bien que quelque peu inférieures au produit brésilien. Les caoutchoucs asiatiques sont peu importants en quantité et, à l'exception du caoutchouc obtenu à partir d'arbres cultivés à Ceylan, ils sont nettement inférieurs en qualité.

Le caoutchouc fluide obtenu au Brésil s'appelle Para et est principalement utilisé dans la fabrication de chaussures en caoutchouc. La méthode de collecte et de coagulation du jus de caoutchouc (appelé latex) varie selon les pays. L'indigène commence par dégager un espace sous un certain nombre d'arbres et commence à frapper les arbres avec une hache à manche court, dotée d'une petite lame, en coupant des entailles dans l'écorce. Une coupelle est fixée sous chaque découpe pour récupérer le liquide lors de son écoulement. Dès que les coupes sont remplies, elles sont vidées dans un grand récipient et transportées au camp pour y être coagulées. Un feu est allumé dans un trou peu profond dans le sol et des noix de palme, qui produisent une fumée dense, sont jetées dessus. Un couvercle en terre comportant une petite ouverture sur le dessus est placé au-dessus du feu, permettant à la fumée de s'échapper par l'ouverture. Une pagaie en bois est d'abord plongée dans de l'eau argileuse, puis dans le latex, puis maintenue au-dessus de la fumée. La chaleur coagule une fine couche de caoutchouc sur la pagaie. Il est plongé encore et encore dans le latex et fumé à chaque fois. Après avoir été plongé plusieurs fois, un morceau de caoutchouc (appelé biscuit) se forme. Une entaille est pratiquée dans le biscuit et la palette est retirée. Le caoutchouc est alors prêt à être commercialisé. En 1911, la récolte mondiale de caoutchouc était d'environ quatre-vingt-dix mille tonnes.

Peu de gens se rendent compte du nombre d'opérations nécessaires pour produire à partir du biscuit brut du caoutchouc indien la chaussure en caoutchouc hautement finie d'aujourd'hui. En résumé, les différentes étapes sont le lavage, le séchage, le mélange, le calandrage , la découpe des différentes pièces, la fabrication ou l'assemblage de ces pièces, le vernissage, la vulcanisation et l'emballage. Chacun de ces processus nécessite un service distinct et séparé, et bon nombre de ces processus sont subdivisés en opérations mineures.

L'énorme stock de caoutchouc Para, c'est-à-dire du caoutchouc provenant de la section amazonienne, que l'on trouve dans toutes les principales usines de caoutchouc, se chiffre en milliers de dollars. Avec un caoutchouc à 1,50 $ la livre ou proche de celui-ci, un stock de dix à cinquante tonnes atteint cinq ou six chiffres.

Ce caoutchouc brut, comme il vient d'Amazonie, contient plus ou moins de saletés, cailloux et autres substances étrangères qu'il faut éliminer.

Les gros gâteaux de caoutchouc brut sont d'abord brisés par une machine à craqueler, composée de deux grands cylindres en acier rotatifs, à partir desquels le produit tombe dans des casseroles ou des plateaux. Il est ensuite acheminé vers une machine appelée « laveuse » ou « laminoir », où il circule entre des cylindres rotatifs, sur lesquels un jet continu d'eau propre est maintenu. Après avoir été roulé en feuilles grossières, il est placé dans une cuve, d'où il est acheminé vers la machine « à batteur », dans laquelle l'eau coule en continu, puis il est à nouveau lavé et « mis en feuilles ». Il est ensuite séché de deux manières.

(1) L'ancienne méthode. Les draps sont suspendus à des tiges dans une grande pièce et séchés à l'air. Pour faciliter cela, un ventilateur ou une soufflante est souvent utilisé pour provoquer une circulation et une élimination de l'air chargé d'humidité. Cela nécessite un délai d'un à deux ou trois mois.

Lavage et séchage .

(2) La deuxième méthode est appelée séchage sous vide. Ce procédé est progressivement introduit, de sorte qu'il est probable que désormais davantage de caoutchouc soit séché sous vide que par air. Le séchoir sous vide est constitué d'un grand cylindre de fer rempli de plaques à travers lequel la vapeur peut circuler. Le caoutchouc est placé sur les plaques et l'air est évacué du cylindre au moyen d'une pompe à air jusqu'à obtenir un vide très

proche de vingt-six degrés. Ce procédé ne nécessite que deux à trois heures pour produire du caoutchouc parfaitement sec.

La fabrication d'une chaussure en caoutchouc n'est pas une tâche simple qu'on pourrait croire à première vue. Une chaussure en caoutchouc ordinaire se compose d'au moins sept ou huit pièces différentes, parfois vingt et une pièces par paire, tandis qu'une guêtre à bouton haut comporte dix-sept pièces distinctes et une botte en caoutchouc comporte vingt-trois pièces différentes. Il existe des semelles intérieures, des semelles extérieures, des baleines, des passepoils, des renforts et une douzaine d'autres pièces différentes, dont chacune est nécessaire à la bonne construction d'une chaussure ou d'une botte en caoutchouc. Les feuilles les plus fines pour les dessus sont découpées à la main, le travail habile des coupeurs consistant à suivre les motifs décrits sur les feuilles étant le résultat d'années de pratique. Les feuilles de caoutchouc dans lesquelles sont découpées les tiges et les semelles sont à ce stade du travail plastiques et très collantes. Il faut pour cela couper les différentes pièces une à une, et les maintenir séparées. Les semelles et quelques-unes des pièces les plus lourdes sont séchées à la machine, et les talons sont fabriqués par une machine spéciale, mais la plus grande partie est réalisée par des mains merveilleusement habiles. Toutes ces pièces qui entrent dans la fabrication d'une chaussure, ou les vingt-trois pièces qui entrent dans une botte, sont collectées et envoyées au département de fabrication qui, dans la plupart des usines, est une grande salle contenant plusieurs centaines d'ouvriers, chacun travaillant par elle-même, et en intégrant les nombreuses pièces séparées dans la chaussure entièrement finie.

du calendrier .

Les feuilles de caoutchouc, après avoir été séchées, sont acheminées vers la salle « composé », où elles sont saupoudrées de merlan, pour éviter qu'elles ne collent, et pesées. Ensuite, ils sont transportés dans la salle de calandre vers un « mélangeur », au moyen duquel le caoutchouc est combiné avec d'autres substances, notamment le soufre , la litharge, le merlan, le noir de fumée, le goudron, la résine, la chaux, l'huile de palme et l'huile de lin.

Il existe différentes machines de calandrage . Celles appelées calandres supérieures forment des feuilles de caoutchouc pour la partie supérieure de la chaussure. Les calandres à semelles constituent la crosse de la semelle ou partie inférieure de la chaussure ; d'autres machines à calandre sont utilisées pour enduire une couche de gomme sur un côté des tissus utilisés pour la doublure et diverses bandes, rembourrages, pointes et talons. Les feuilles de gomme sont envoyées en salle de découpe.

Généralement, les doublures de neuf paires de chaussures sont coupées en même temps. Les doublures sont découpées à la main et à la machine. Les hommes qui coupent à la main avec des matrices se tiennent debout sur le banc et utilisent des maillets en fer, comme ceux utilisés pour couper les talons. Les semelles intérieures, les talonnières et les doublures sont toutes découpées au moyen de matrices de la même manière.

Les bords des différentes pièces sont enduits de ciment, puis les pièces sont transportées vers la salle de fabrication et distribuées. Dans le département de confection, les bottes et les chaussures sont assemblées. Les femmes confectionnent les surchaussures légères ; les hommes font les plus lourds. Les caoutchoucs sont fabriqués par les femmes, mais les hommes les mettent sur les semelles extérieures.

Les revêtements sont d'abord appliqués en douceur sur une forme en bois et collés ensemble, le côté ciment vers l'extérieur. Les pièces en caoutchouc sont ensuite collées et roulées fermement avec un petit rouleau à main. Les jeunes femmes deviennent très habiles dans ce travail, prenant les différentes parties en succession rapide, les plaçant avec précision sur la dernière, et les roulant et les martelant fermement ensemble.

Salle de coupe.

Le processus le plus intéressant est peut-être celui d'assembler la botte en caoutchouc. Ce travail est effectué par des hommes et nécessite, outre une vue précise, des mouvements rapides et très adroits de la main et une force considérable. Aucun clou, punaise ou couture n'est requis. L'adhésivité naturelle du caoutchouc, assistée par l'utilisation de colle à caoutchouc, maintient les pièces solidement ensemble.

Lors de la fabrication de la chaussure, la forme est recouverte de différentes pièces fabriquées de manière à adhérer à l'endroit où elles sont placées. C'est un travail précis et agréable qui s'adapte parfaitement à toutes ces pièces, chaque bord se chevauchant jusqu'à un certain point et pas plus loin. Les chaussures plus légères sont fabriquées par des femmes, mais les chaussures lourdes des bûcherons, les arctiques et surtout les bottes, sont fabriquées par des hommes, car ce travail demande de la force ainsi que de la dextérité.

Les marchandises qui nécessitent un vernissage sont placées sur des étagères et traitées avec un mélange d'huile de lin bouillie, de naphte et d'autres matériaux, qui sont appliqués avec des pinceaux et confèrent un brillant à la surface.

Sur les bottes et chaussures de vulcanisation, les chaussures sont placées sur des supports soutenus par des chariots en fer, qui sont glissés sur des rails jusqu'à la chambre de vulcanisation. Il s'agit principalement d'une grande pièce munie d'un serpentin de vapeur au sol. La température dépasse rarement deux cent soixante degrés Fahrenheit. Dans la vulcanisation des chaussures, la chaleur augmente progressivement depuis le début, environ cent quatre-vingts degrés Fahrenheit, sinon les marchandises seraient cloquées, en raison de l'évaporation rapide de l'humidité et d'autres constituants volatils. Ils sont conservés dans ces radiateurs pendant six à sept heures. Cela provoque une union de soufre et de caoutchouc, qui n'est affectée ni par la chaleur ni par le froid.

Ils sont transportés sur un autre camion jusqu'à la salle d'emballage, où ils sont inspectés, extraits des derniers, attachés ensemble par paires ou placés dans des cartons, selon le cas. Ils sont ensuite envoyés à la salle d'expédition pour être emballés dans des caisses prêtes à être livrées aux wagons en attente sur une voie secondaire de la voie ferrée, ou envoyés à l'entrepôt jusqu'à ce qu'ils soient réclamés par les grossistes ou les détaillants.

Une branche importante du secteur du caoutchouc est la fabrication de chaussures de tennis. Il s'agit d'un terme générique qui s'applique à toutes sortes de chaussures dotées d'un dessus en tissu et d'une semelle en caoutchouc. Comme leur nom l'indique, elles ont d'abord été utilisées pour jouer au tennis, mais elles sont devenues très utilisées comme chaussures de temps chaud et de vacances, et montrent chaque année une popularité croissante. Ces chaussures sont fabriquées de la même manière que les chaussures en caoutchouc, les semelles en caoutchouc étant collées au dessus en tissu et vulcanisées de la même manière que les surchaussures en caoutchouc. De nombreux styles différents sont réalisés et chaque année montre des améliorations dans les formes, dans les textiles utilisés, dans les couleurs et les combinaisons de semelles et de tiges.

Les chaussures en caoutchouc ne devraient pas donner un service satisfaisant à moins qu'elles ne soient correctement ajustées. S'ils sont trop courts, trop étroits, ou s'ils sont portés sur des cuirs avec des robinets très lourds ou des semelles larges et inhabituellement épaisses, des tensions seront exercées sur les pièces non conçues pour les supporter et le caoutchouc cédera. Les articles en caoutchouc, en particulier les bottes, s'ils sont trop grands, se froisseront et un plissement et une flexion continus sont susceptibles de provoquer des fissures.

La chaleur ou le froid extrême doivent être évités. Les bottes ou chaussures en caoutchouc ne doivent jamais être séchées en les plaçant à proximité d'un radiateur, quel qu'il soit. S'il est laissé à proximité d'une cuisinière, d'une caisse ou d'un radiateur, le caoutchouc risque de sécher et de se fissurer. S'ils sont laissés dehors en hiver ou dans un endroit extrêmement froid, ils gèleront. Ensuite, lorsque le pied chaud y est mis et que les caoutchoucs sont usés, le caoutchouc se fissurera.

L'huile, la graisse, le lait ou le sang provoqueront la décomposition du caoutchouc en très peu de temps. En cas de projection de l'un de ces produits, le caoutchouc doit être rapidement et soigneusement nettoyé avec de l'eau tiède et du savon.

L'huile contenue dans les dessus en cuir fera pourrir le caoutchouc, c'est pourquoi des précautions doivent être prises lors du stockage et de l'emballage pour éviter que le cuir et le caoutchouc n'entrent en contact.

Assembler les pièces d'une chaussure en caoutchouc.

Divers poids lourds sont annoncés comme preuve contre les accrocs. Il ne faut toutefois pas oublier qu'aucun caoutchouc ne peut être suffisamment résistant pour être absolument à l'abri des déchirures ou des perforations causées par des arêtes extrêmement coupantes, telles que du chaume raide, des roches acérées, du verre brisé, etc.

La boue, la saleté de basse-cour ou la saleté de toute sorte ne doivent jamais sécher sur les caoutchoucs. Ils doivent être nettoyés avec autant de soin que des bottes ou des chaussures en cuir.

L'exposition à un fort rayonnement solaire pendant une période prolongée produit sur les caoutchoucs un effet similaire à celui de les placer à proximité d'une cuisinière ou d'un radiateur. Les caoutchoucs ne doivent pas être laissés sécher au soleil. Lorsqu'ils ne sont pas utilisés, ils doivent être conservés dans un endroit frais et sombre.

TALONS EN CAOUTCHOUC

Les talons en caoutchouc sont généralement conçus pour les bottes et les chaussures comme suit. Le caoutchouc mélangé est mis en feuilles sur un rouleau de calandre , sur un tambour, jusqu'à ce que plusieurs couches soient obtenues, formant ainsi une feuille d'environ un pouce d'épaisseur. Le talon est découpé dans cette feuille au moyen d'une matrice et placé dans un moule. Il y est soumis à une pression extrêmement élevée, généralement obtenue par force hydraulique. Les plateaux de la presse sont chauffés à la vapeur vive. Les talons sont retirés au bout de neuf ou dix minutes et la feuille qui avait auparavant près d'un pouce d'épaisseur n'a plus qu'environ un demi-pouce et a été moulée par pression dans la forme du talon souhaité, est semi ou partiellement vulcanisée. et est également imprimé sur le fond avec le nom ou une autre marque de l'entreprise.

La partie en forme de coupe du talon est maintenant recouverte d'une couche de ciment-caoutchouc et fermement placée sur la botte, prête à passer au vulcanisateur, où la vulcanisation du talon est ensuite terminée.

Département de fabrication de talons.

De nombreux articles en caoutchouc sont vulcanisés à l'aide de chlorure de soufre , procédé parfois appelé « durcissement à froid ». L'action du chlorure de soufre lui-même est si violente qu'il faut le diluer, et à cet effet le bisulfure de carbone est souvent utilisé. Dans certains cas, comme par exemple dans la fabrication de blagues à tabac, les articles sont immergés pendant une à deux minutes dans le liquide, puis retirés et soigneusement lavés. Dans un autre cas, comme dans la fabrication de certains types de tissus en caoutchouc, tels que des bâches d'hôpitaux, le tissu enduit est suspendu dans une pièce appropriée et le chlorure de soufre et le bisulfure de carbone sont mélangés et évaporés par l'action de la chaleur de sorte que le tissu soit soumis à à l'action de la vapeur seule. Seuls les articles à parois relativement minces peuvent être vulcanisés avec succès par durcissement à froid, car au mieux l'action vulcanisante du chlorure n'est que superficielle.

Aucun exposé sur les procédés de vulcanisation utilisés dans la fabrication d'articles en caoutchouc n'est complet sans la mention du « durcissement à la vapeur ». Une grande variété d'articles en caoutchouc sous le terme général d'articles mécaniques divers sont durcis par cette méthode. Cela comprend les tapis en caoutchouc, les paillassons, les bouteilles d'eau, les articles divers des pharmaciens, etc. Ce procédé consiste en bref à soumettre les articles à vulcaniser à l'action de la vapeur vive pendant une demi-heure à une heure, ou jusqu'à ce que les marchandises soient complètement vulcanisé. La température et la durée nécessaire dépendent dans une large mesure de l'épaisseur des parois de l'article. Afin d'éviter que les marchandises ne soient piquées et endommagées par l'action de la vapeur, elles sont enveloppées dans un tissu ou incrustées dans des plateaux en pierre ollaire. Une grande variété de tubes en caoutchouc est durcie par cette méthode.

Dans la fabrication des tissus en caoutchouc, le caoutchouc brut est soumis au processus de lavage, séché et mélangé avec du soufre , de la litharge, des matières colorantes, etc., puis est amené à la salle de ciment, où il est « coupé » avec du naphta, formant ainsi une couche épaisse. pâte ou pâte. Celui-ci est acheminé vers la salle d'épandage dans de grandes cuves et introduit dans la machine à rouleaux, qui ressemble à une longue table composée de tuyaux de vapeur placés horizontalement en une seule couche. Au-dessous d'une extrémité se trouve un rouleau de tissu qui passe entre deux rouleaux de fer à l'extrémité. La pâte est introduite entre ces rouleaux et s'étale doucement sur le tissu, qui est enroulé et transporté vers une salle de chauffage, où il est déroulé et suspendu sur des claies, puis soumis à une chaleur suffisante pour provoquer la combinaison du soufre et du soufre. caoutchouc.

CHIMIE DANS LA FABRICATION D'ARTICLES EN CAOUTCHOUC

On ne saurait trop insister sur l'importance du département chimique dans toutes les usines de caoutchouc. Au cours des deux ou trois dernières années, une évolution inhabituelle s'est produite dans ce sens, et aujourd'hui aucune usine de fabrication d'articles en caoutchouc n'est complète sans posséder un laboratoire bien équipé. Non seulement ce département permet au fabricant de contrôler la pureté et l'uniformité de ses ingrédients de composition et des innombrables qualités de caoutchouc brut, mais, ce qui est encore plus important, il lui permet d'inaugurer des travaux de recherche appliqués à sa ligne de fabrication particulière. . Cette partie du travail de laboratoire produit déjà des résultats non seulement d'intérêt scientifique, mais également d'une très grande valeur pratique et économique. Un autre rôle encore du laboratoire chimique moderne est d'exercer un contrôle sur le matériau fini, de sorte que le directeur de l'usine puisse être quotidiennement en possession des raisons de toute variation préjudiciable à la qualité de ses produits.

TERMES EN CAOUTCHOUC

PIÈCE DE CHEVILLE. Un gros morceau de gomme légère qui fait le tour de la cheville et s'étend jusqu'à mi-hauteur de la jambe.

RETOUR RESTEZ. Un morceau de revêtement frotté similaire au côté reste en forme et placé à l'arrière du talon et de la cheville.

COMPTEUR DE GOMME. Morceau découpé dans de la gomme en feuilles, sur la face inférieure duquel est placé une contre-forme ou un morceau de feuille frottée .

REMPLISSAGE EXTÉRIEUR. Une semelle de remplissage découpée dans une feuille enduite de chiffon ou frottée , et conçue pour remplir le creux du fond provoqué en ramenant les bords de l'empeigne et du comptoir en gencive en dessous.

SEMELLE INTÉRIEURE. Habituellement fait de feutre ou de feuilles enduites sur une face de chiffon. Lors du montage, les bords inférieurs de la doublure (qui ont été préalablement collés) sont tirés vers le bas et adhèrent à la semelle intérieure.

COUVRE-JAMBES. Un morceau de gomme en feuilles roulé sur un morceau de feuille frottée appelé forme de jambe.

DOUBLURE DES JAMBES. La doublure, généralement en feutre ou en filet de laine, pour la jambe.

PARA. Nom donné au caoutchouc du Brésil.

TUYAUTERIE. Des bandes de feuilles frottées sont utilisées pour assembler la doublure sur le cou-de-pied et sur le dos, et également pour maintenir la doublure sur l'arbre en passant une bande sur le dessus.

COMPTEUR DE CHIFFONS. Un quart de raide est une contre-pièce découpée dans une tôle enduite de chiffon ou frottée , qui donne de la rigidité au comptoir.

SÉJOUR LATÉRAL. Un morceau de tissu frotté en forme de pointe , placé de chaque côté de la cheville.

SEMELLE DE CHIFFON. Un renfort de semelle découpé dans une feuille de chiffon, qui recouvre tout le fond. Les bords sont biseautés pour créer un bord parfait.

REMPLISSEUR D'ORTEILS. Une semelle de remplissage en chiffon pour combler le creux du fond provoqué par la fixation de la doublure à la semelle intérieure.

Parties d'une botte en caoutchouc.

DOUBLURE DES ORTEILS. La doublure pour l'empeigne, du même matériau que la doublure de jambe.

VAMP. Un morceau découpé dans de la gomme en feuilles.

FORME DE VAMPIRE. Un morceau de tissu frotté découpé à la forme de l'empeigne et placé sur la doublure des orteils.

SANGLES WEB. Sangles enfilées avec les extrémités jointes entre la doublure de jambe et le couvre-jambe, et formant une boucle à l'intérieur de la botte pour l'enfiler.

CHAPITRE DOUZE
HISTOIRE DE LA CHAUSSURE

Nous constatons que les chaussures primitives, comme toutes les autres origines, étaient de la nature la plus grossière et prenaient la forme d'une simple sandale. Il est probable que l'homme a d'abord protégé son pied des aspérités par de simples morceaux de peau, attachés à la plante du pied. La sandale, parmi les plus primitives, est le type de chaussure porté aujourd'hui. La sandale était simplement liée au pied par des lanières de peau, passées entre les orteils et nouées autour de la cheville.

Vers la période élisabéthaine, la fabrication de chaussures était réellement devenue un art très raffiné. Certaines créations de pieds étaient réalisées par les cordonniers de la cour et reflétaient les goûts individuels du monarque, et la compétition pour produire quelque chose de nouveau était si grande que très souvent les styles prenaient un aspect grotesque. Les orteils étaient allongés de sorte qu'ils étaient parfois relevés et attachés par des cordons et des pompons au dessus des chaussures, et il devint finalement nécessaire d'édicter une loi pour empêcher de tels types de chaussures scandaleux. Les pantoufles de cette époque étaient de type à talons extrêmement hauts et de petites fortunes étaient souvent dépensées pour leur ornementation. Il s'agissait pour la plupart du type à sabot tournant, et les échantillons conservés montrent l'excellente qualité d'exécution qui était en vogue à cette époque.

Nous arrivons maintenant au premier cordonnier d'Amérique. Lors de son deuxième voyage en Amérique, le *Mayflower* transportait entre autres un cordonnier nommé Thomas Beard, qui apportait avec lui une réserve de peaux. Sept ans plus tard, arriva un certain Phillip Kertland , originaire du Buckinghamshire, qui s'installa à Lynn en 1636.

Kertland fut le pionnier du cordonnier de Lynn et pendant des années il exerça avec succès son métier, enseignant aux autres ses méthodes et ses manières, de sorte que quinze ans après son arrivée, Lynn non seulement pourvoyait aux besoins de ses habitants, mais envoyait également une partie de ses habitants. ses produits vers le port de Boston. Dès 1648, on trouve la tannerie et la cordonnerie mentionnées comme une industrie de la colonie de Virginie, une mention spéciale étant faite du fait qu'un planteur nommé Matthews employait huit cordonniers dans ses locaux. Des restrictions légales ont été imposées au cordwainer dans le Connecticut en 1656 et dans le Rhode Island en 1706, tandis qu'à New York, on sait que le commerce de la tannerie et de la cordonnerie était solidement établi avant la capitulation de la province devant l'Angleterre en 1664. En 1698 l'industrie était exploitée avec profit à Philadelphie et, en 1721, la législature coloniale de Pennsylvanie adopta une loi réglementant le matériel et les prix de l'industrie de la botte et de la chaussure.

Avant 1815, la plupart des chaussures étaient cousues à la main, quelques-unes étant clouées en cuivre. Les chaussures les plus lourdes étaient cousues et les plus légères retournées. Cette méthode de fabrication fut modifiée, vers 1815, par l'adoption de la cheville à sabot en bois, inventée en 1811 et bientôt devenue d'usage général. Jusqu'à cette époque, peu ou pas de progrès avaient été réalisés dans les méthodes de fabrication. Le cordonnier était assis sur son banc et, avec pratiquement aucun autre instrument qu'un marteau, un couteau et une épaule en bois, il coupait, cousait, martelait et cousait jusqu'à ce que la chaussure soit terminée. Avant l'année 1845, qui marqua la première application réussie des machines à la fabrication de chaussures américaines, cette industrie était au sens le plus strict un travail manuel, et le jeune homme qui la choisissait pour sa vocation était en apprentissage pendant sept ans, période pendant laquelle il était enseigné chaque détail de l'art. Il fut instruit sur la préparation de la semelle intérieure et de la semelle extérieure, dépendant presque entièrement de son œil pour les proportions appropriées ; appris à préparer des piquets et à les enfoncer, car la chaussure à crampons était le type de chaussure courant dans la première moitié du siècle dernier ; et s'est familiarisé avec la fabrication de chaussures tournées et trépointées, qui ont toujours été considérées comme les types de cordonnerie les plus élevés, car elles nécessitent une habileté exceptionnelle de la part de l'artisan pour canaliser la semelle intérieure et la semelle extérieure à la main, arrondir la semelle, coudre la trépointe et coudre la semelle extérieure. Après avoir fait son apprentissage, le cordonnier à part entière avait l'habitude de se lancer dans ce qu'on appelait « fouetter le chat », ce qui signifiait voyager de ville en ville, vivre avec une famille tout en faisant un an de provisions de chaussures pour chacun. membre, puis passe à remplir les engagements précédemment pris.

Le changement à partir duquel notre système d'usine actuel a évolué a commencé dans la dernière partie du XVIIIe siècle, lorsqu'un système de tailles avait été élaboré et que des cordonniers plus entreprenants que leurs semblables rassemblaient autour d'eux des groupes d'ouvriers et prenaient sur eux la dignité des fabricants.

On s'aperçut bientôt que le maître ouvrier pouvait augmenter considérablement ses revenus en employant d'autres hommes pour faire le travail pendant qu'il dirigeait leurs efforts, ce qui conduisit progressivement à une division du travail : les dessus de chaussures, qui auparavant étaient cousus par les hommes utilisant du fil ciré avec des poils, ils étaient désormais réalisés par des femmes, qui emportaient souvent le travail à la maison.

Un ouvrier coupait le cuir, d'autres cousaient la tige et d'autres encore fixaient la tige aux semelles, chaque ouvrier ne manipulant qu'une seule pièce dans le processus de fabrication.

Nous constatons qu'en 1795, l'évolution du système d'usine avait atteint un stade où, rien qu'à Lynn, il y avait deux cents maîtres ouvriers, employant six cents compagnons et fabriquant trois cent mille paires de chaussures par an. L'ensemble de la chaussure était alors fabriqué sous un même toit, et généralement à partir de cuir tanné sur place.

Les bâtiments des usines n'étaient pas à cette époque d'un caractère très prétentieux et ne représentaient en aucun cas la quantité de travail entreprise par le propriétaire ; car les petites usines de dix par dix, qui existent encore aujourd'hui dans certaines des arrière-cours des maisons de Lynn, ont vu le jour à cette époque. De nombreux agriculteurs considéraient que la fabrication de chaussures était une activité rémunératrice en hiver, et eux, et peut-être leurs voisins, se rassemblaient dans ces magasins et prenaient dans les différentes usines des chaussures sur lesquelles fixer les semelles, ou des tiges à lier, qui, après l'achèvement du travail. travaillés, étaient renvoyés à l'usine, où ils étaient terminés et envoyés au marché emballés dans des caisses en bois. C'est ainsi que l'industrie a prospéré et s'est développée jusqu'à l'époque de l'introduction des machines, qui s'est produite il y a à peine plus d'un demi-siècle.

Jusqu'en 1811, aucune machine n'était utilisée pour la fabrication des chaussures. Cette année, des pinces à chaussures ont été inventées ainsi qu'une machine pour les fabriquer. Le sabot à chevilles devint très répandu, mais ce n'est qu'en 1835 qu'une machine à enfoncer des chevilles fut fabriquée, et même à cette époque, la machine ne connut qu'un succès médiocre. Il s'agissait d'une machine manuelle et son fonctionnement n'était en aucun cas fiable.

La première machine à être largement acceptée par le commerce fut la « machine à rouler ». On l'utilisait pour rouler le cuir de la semelle sous pression, et on dit qu'un homme pouvait accomplir en une minute avec cette machine le même travail qu'il lui aurait fallu une demi-heure pour accomplir avec le lapstone et le marteau à l'ancienne . Elle fut suivie en 1848 par l'invention la plus importante, la « machine à coudre », perfectionnée par Elias Howe, et bientôt suivie par une machine qui cousait avec du fil ciré et permettait de coudre le dessus des chaussures de manière beaucoup plus rapide. manière rapide, fiable et satisfaisante que jamais auparavant. Cette machine fut également bientôt suivie par une machine qui fendait le cuir de la semelle et par une autre pour polir ou enlever le grain.

En 1855, William F. Trowbridge, qui était associé dans la société F. Brigham & Company, de Feltonville , Massachusetts, qui faisait alors partie de Marlboro, conçut l'idée de faire fonctionner par la force des chevaux les machines alors utilisées. L'introduction de l'énergie devint très générale, de sorte qu'en 1860 il n'y avait presque aucune usine qui ne fonctionnât ni à la vapeur ni à l'eau.

L'année 1858 a été marquée par l'invention par Lyman R. Blake de la machine à coudre McKay, qui a probablement exercé, plus que toute autre, un effet révolutionnaire sur l'industrie.

La machine McKay ne cousait pas à cette époque la pointe ou le talon ; la couture était commencée à la tige et reportée jusqu'à un point proche de la pointe d'un côté, et la même opération était répétée de l'autre côté ; mais il semblait posséder de grandes possibilités et suscitait beaucoup d'intérêt dans l'ensemble du commerce. Il s'agissait bien sûr d'une machine très rudimentaire et très différente de la machine McKay d'aujourd'hui. Elle était placée sur un banc et la chaussure à coudre était placée sur une corne, et la couture était effectuée à partir du canal dans la semelle extérieure en passant par la semelle et la semelle intérieure. Le colonel McKay commença immédiatement à améliorer la machine. Il employa des mécaniciens qualifiés pour travailler dessus et tenta de l'introduire dans différentes usines, mais se heurta à de nombreuses oppositions et critiques quant à son avenir. On raconte qu'il proposa de céder la machine aux cordonniers de Lynn et de leur en permettre l'usage exclusif s'ils lui payaient trois cent mille dollars, offre qui ne fut pas acceptée.

La machine a laissé un point de boucle et une crête de fil à l'intérieur de la chaussure, mais elle a répondu à la grande demande qui existait pour les chaussures cousues, et plusieurs centaines de millions de paires ont été fabriquées grâce à son utilisation.

Bien que le colonel McKay ait rencontré des représailles et du découragement en tentant d'introduire sa machine, la nécessité publique était telle que les fabricants furent obligés de l'adopter immédiatement ; mais le colonel McKay était toujours gêné par le manque de capitaux pour poursuivre son entreprise en pleine expansion. C'est à cette époque qu'a été lancé un système de placement de machines dans les usines, système qui s'est avéré être le facteur le plus puissant dans le développement de l'industrie de la chaussure. Il s'agissait d'un système de redevances dans le cadre duquel la machine ou le propriétaire de la machine participait aux bénéfices provenant de l'utilisation de la machine.

Il semble difficilement possible de douter que le principe de la royauté soit l'une des plus grandes forces dans la construction de l'industrie prospère que nous avons aujourd'hui ; cela offrait un moyen facile d'introduire des machines sans entraîner de difficultés pour les fabricants, qui, s'ils avaient été obligés de payer la valeur réelle des machines, auraient été totalement incapables de les adopter. On connaît des cas où des centaines de milliers de dollars ont été dépensés en machines, machines qui ont été abandonnées sans avoir fabriqué une seule chaussure.

Au moment de l'introduction de la machine McKay, les inventeurs étaient occupés dans d'autres directions, ce qui a donné lieu à l'introduction de la « machine à clouer les câbles ». Celui-ci était muni d'un câble de clous, la tête de l'un étant reliée à la pointe de l'autre ; ces machines coupaient des clous séparés et fonctionnaient automatiquement. À peu près à cette époque, fut également introduite la « machine à vis », qui formait une vis à partir d'un fil de laiton, l'enfonçant dans le cuir et la coupant automatiquement. Il s'agissait du prototype de la « machine à vis standard rapide », qui est une invention relativement récente et qui est très largement utilisée à l'heure actuelle comme fixation de semelles sur les bottes et chaussures les plus lourdes. Très peu de temps après, l'attention du commerce fut attirée par l'invention d'un mécanicien new-yorkais pour la couture des semelles. L'appareil était particulièrement destiné à la fabrication de chaussures tournantes et devint ensuite célèbre sous le nom de « machine à chaussures tournantes Goodyear ».

Peu après l'invention de Goodyear, fut introduite la première machine utilisée pour le talonnage, une machine qui comprimait le talon et perçait des trous pour les clous ; bientôt suivit une machine qui enfonçait automatiquement les clous, le talon ayant été préalablement mis en place et maintenu par les guides de la machine. D'autres améliorations apportées aux machines à talon suivirent avec une rapidité considérable, et une machine fut utilisée peu de temps après, qui non seulement clouait le talon, mais qui était également équipée d'une tondeuse à main, que l'opérateur faisait tourner autour du talon après le clouage. C'est à partir de celles-ci que sont nées les machines à talon utilisées à l'heure actuelle.

L'une des premières utilisations de la machine à coudre était de coudre ensemble les morceaux de cuir souple et souple qui constituent la tige d'une chaussure - une chose simple, n'impliquant qu'un léger ajustement de la machine d'origine. C'est une opération bien plus compliquée que de coudre la tige à la semelle épaisse et lourde, et des années se sont écoulées avant que le secret ne soit découvert et que la machine McKay n'apparaisse. Dans la chaussure cousue sur la machine McKay, le fil traversait l'intérieur de la semelle intérieure, laissant une crête râpeuse sur laquelle frottait le bas du porteur. Le sabot McKay n'a remplacé que les qualités les plus grossières. La chaussure cousue à la main restait la préférée de la richesse et de la mode, et était portée exclusivement par ceux qui souciaient du confort et pouvaient se permettre le prix. En cousant une chaussure à la main, une fine et étroite bande de cuir, appelée trépointe, est d'abord cousue à la semelle intérieure et à la tige, et la lourde semelle extérieure est cousue à cette trépointe, de sorte que les points sortent à l'extérieur et ne touchent pas le pied. , la semelle intérieure étant laissée entièrement lisse. C'est une opération délicate à la main, et de nombreuses années se sont écoulées avant qu'une machine soit conçue pour la réaliser. Le problème était enfin résolu . Les « machines à coudre et à coudre Goodyear » sont apparues, ainsi nommées en l'honneur de Charles Goodyear, qui les a financées et perfectionnées, fils de l'homme qui a enseigné au monde l'utilisation du caoutchouc. Ces deux machines constituent le noyau du système de trépointe Goodyear, auquel il faut attribuer la révolution d'une industrie. Bien qu'il s'agisse de machines entièrement distinctes, elles sont inséparables, car aucune ne peut être utilisée efficacement l'une sans l'autre dans la fabrication de la chaussure cousue Goodyear moderne.

Semelle intérieure pour chaussure cousue à la main.

Chaussure cousue à la main.

Une grande partie du style d'une chaussure dépend de la forme en bois sur laquelle la tige est façonnée avant d'être fixée à la semelle. Trouver un substitut à la main humaine pour ajuster la chaussure jusqu'au bout et tirer le cuir sur ses lignes et ses courbes délicates a semblé pendant longtemps impossible.

Cela s'est produit au début des années 70, lorsqu'une machine a été inventée pour effectuer ce travail. Cela a créé un grand changement dans un secteur de fabrication de chaussures qui, auparavant, était considéré comme un processus manuel confirmé. Cette machine, ainsi que celles qui suivirent pendant une période de vingt ans, étaient connues comme le meilleur type de machine, par laquelle la tige de la chaussure était tirée sur la forme soit par friction, soit par pinces, puis clouée à l'aide d'une main. outil.

A une époque relativement récente, une autre machine qui a révolutionné toutes les idées précédentes en matière de durabilité a été introduite. Cette machine est généralement utilisée à l'heure actuelle et est connue sous le nom de « machine durable à méthode manuelle consolidée ». Il était équipé de pinces qui tiraient automatiquement le cuir autour de la forme, tout en actionnant une punaise qui le maintenait en place. Cette machine a été tellement développée qu'elle est maintenant utilisée pour la fabrication de chaussures de tous types, depuis les plus basses et les moins chères jusqu'aux plus hautes qualités, et c'est une machine qui fait preuve d'une merveilleuse ingéniosité mécanique.

Le perfectionnement de la machine à monter a été suivi récemment par l'introduction d'une machine qui exécute de manière satisfaisante le processus difficile connu sous le nom de « tirage », qui consiste à centrer avec précision la tige de la chaussure sur la forme et à la maintenir temporairement en position pour le travail de durer. La nouvelle machine, connue sous le nom de « machine à tirer à la main », est équipée de pinces qui se ferment automatiquement et saisissent la tige de la chaussure sur les côtés et la pointe. Elle est équipée de réglages permettant à l'opérateur de centrer rapidement la tige de la chaussure sur la forme et, sur pression d'un levier au pied, la machine rapproche automatiquement la tige de la forme et la fixe en position par des punaises, qui sont également entraîné par la machine. L'introduction de cette machine a marqué un changement radical dans le seul processus important de fabrication de chaussures qui avait jusqu'alors résisté avec succès à toutes les tentatives d'amélioration mécanique.

À peu près à l'époque où la construction durable a été introduite pour la première fois, sont apparues les machines utilisées pour la finition du talon et de l'avant. Ces machines étaient équipées d'un outil chauffé au gaz et qui faisait pratiquement double emploi avec l'ouvrier manuel en frottant les bords avec un outil chaud dans le but de les finir. De ces premières machines sont nées les « machines à poser les bords » qui sont actuellement utilisées.

Ainsi, l'une après l'autre, chaque opération a cédé la place à l'invention, jusqu'à très récemment, le seul processus restant a été maîtrisé lorsqu'une machine à couper les tiges a été conçue. Il existe des machines pour façonner, comprimer et clouer les talons ; pour fixer les semelles aux tiges de chaussures lourdes à l'aide de chevilles en bois ou de vis et de fils en cuivre ; pour arrondir, polir et polir les semelles ; pour couper et régler les bords de la semelle ; pour effectuer d'innombrables opérations, certaines apparemment triviales, mais toutes essentielles à la perfection en matière de confort, de durabilité ou de style ; de sorte que les usines de chaussures utilisent aujourd'hui une plus grande variété de machines complexes et coûteuses que dans les usines de tout autre type.

À l'heure actuelle, le génie de l'inventeur américain a prévu chaque détail de la fabrication de chaussures, même les plus petits processus étant exécutés par des dispositifs mécaniques quelconques. Cela a naturellement fait du cordonnier d'aujourd'hui un spécialiste, qui ne connaît que très rarement quoi que ce soit de la cordonnerie en dehors du processus particulier de fabrication de chaussures dont il est adepte et dont il gagne sa vie. La chaussure américaine d'aujourd'hui est la production standard du monde. Il est demandé partout où l'on porte des chaussures.

Au cours de l'année 1874, non seulement les machines que le colonel McKay et M. Goodyear avaient contribué à construire avaient été perfectionnées, mais d'autres inventeurs avaient introduit des machines similaires pour effectuer un travail similaire. Cela a donné lieu à une concurrence commerciale des plus aiguës et a finalement abouti à de nombreux cas où un fabricant de machines prétendait que l'autre machine avait violé ses droits de brevet, et dans de nombreux autres cas, le type de litige le plus féroce a été créé. Cela a eu un effet des plus désastreux sur les fabricants de chaussures, car dans de nombreux cas, le fabricant a dû supporter le poids des coups que se portaient les fabricants de machines à chaussures en compétition.

Les machines en service dans les usines étaient arrêtées au moyen d'injonctions ; des poursuites en dommages et intérêts ont été intentées et les litiges étaient très généraux. Au cours de l'année 1899 s'est produit l'un des événements les plus importants de l'histoire de la chaussure. Les entreprises les plus importantes qui se faisaient la guerre furent rachetées par une grande société et placées sous une direction harmonieuse.

La United Shoe Machinery Company doit son origine à un appel en faveur d'un changement des conditions qui menaçaient l'industrie de la fabrication de chaussures et qui ne pouvaient être ignorées. Elle a été créée en regroupant en une seule les trois sociétés existant en 1899 : la Goodyear Sewing Machine Company, la Consolidated & McKay Lasting Machine Company et la McKay Shoe Machinery Company, dont chacune fabriquait et louait respectivement des machines adaptées à une classe particulière d'opérations. . Les principales machines que chacun fabriquait n'interféraient pas avec les principales machines des autres. Ils constituaient des maillons dépendants d'une chaîne industrielle. La Goodyear Sewing Machine Company fabriquait principalement des machines pour coudre la semelle à la tige des chaussures passepoilées et diverses machines auxiliaires qui aidaient à terminer la chaussure ; La Consolidated & McKay Lasting Machine Company fabriquait des machines pour durer une chaussure ; La McKay Shoe Machinery Company fabriquait diverses machines pour fixer les semelles et les talons au moyen d'attaches métalliques et fournissait du matériel à cet effet. Un seul fabricant, pour fabriquer des chaussures cousues Goodyear, serait obligé de parrainer toutes les entreprises, en s'adressant à chacune d'elles pour la partie de son équipement qu'elle fournissait exclusivement. Chaque entreprise avait ses agents dans les usines pour entretenir ses machines.

Le regroupement de ces trois sociétés en une seule organisation a provoqué un changement instantané. Il en résulta immédiatement une plus grande économie d'administration ; en soulageant le constructeur de la contrariété de voir parfois son usine paralysée alors que les commandes s'accumulaient ; en le libérant des ennuis et des dépenses liés à la gestion de plusieurs problèmes différents afin d'obtenir ses machines les plus importantes et de les maintenir en réparation.

L'attention qui avait été portée aux machines à redevances et qui avait été un facteur si important dans le développement de l'industrie en Amérique, a été amplifiée par la direction de la nouvelle société. De grandes forces d'hommes et de machinistes experts, ainsi que des cordonniers experts, étaient maintenues dans les différents districts où les chaussures étaient fabriquées, et tous les efforts étaient déployés pour promouvoir la croissance de l'industrie.

Alors que le système de redevances s'est avéré très avantageux pour les petits fabricants de chaussures, les plus grands fabricants se sont opposés au paiement de redevances sur les machines et ont souhaité les acheter directement. N'y parvenant pas, ils mirent au travail des experts pour inventer des machines similaires. Cela a conduit la United Shoe Machinery Company à affirmer que ces machines constituaient des contrefaçons et à provoquer de nombreux litiges.

Si l'on examine l'histoire du commerce au cours des dix dernières années, on constatera sans aucun doute qu'il s'agit d'une période de plus grand progrès que le commerce ait jamais connu.

Au temps de ceux qui lisent ces mots, la manière de fabriquer une chaussure a complètement changé. Des méthodes qui ont tenu bon pendant des siècles ont disparu, pour être remplacées par des procédés qui, récemment encore, auraient été considérés comme impossibles et qui ont mis à la portée des hommes aux moyens modestes un luxe dont jouissaient autrefois exclusivement les nantis. Les pieds de millions de personnes sont aujourd'hui habillés aussi finement que ceux du millionnaire d'hier. Les chaussures marquées par le confort, la durabilité et le style ont amené dans les musées historiques les bottes et les brogans rigides et maladroits qui, il n'y a pas si longtemps, étaient portés par ceux qui n'avaient pas les moyens de se payer des chaussures cousues à la main.

Les Américains dépensent plus de trois cents millions de dollars chaque année pour acheter des chaussures, et en moyenne trois paires chacun, et pourtant rares sont ceux qui pensent à leurs chaussures tant qu'elles n'ont pas l'air encombrantes, ou ne s'usent pas trop vite, ou ne se blessent pas au pied. Tout le monde aime acheter de bonnes chaussures au meilleur prix possible , et tout le monde aime sentir que les fabricants de chaussures sont indépendants et prospères, et que les ouvriers reçoivent de bons salaires, parce que ces choses contribuent à la prospérité ; mais c'est tout. Pourtant, il s'agit là d'une industrie dans laquelle les États-Unis sont devenus, en une décennie, le leader mondial, et il y a beaucoup de choses à ce sujet qu'il vaudrait la peine que chacun comprenne. Il vaut la peine , par exemple, de savoir qu'il n'y a aucune opération importante sur une chaussure qui doive être faite à la main ; que dans la fabrication de toute bonne chaussure, pas moins de cinquante-huit machines différentes, et parfois le double de ce nombre, sont mises en œuvre ; que presque toutes ces machines sont d'invention américaine ; et qu'ils ont été si parfaitement ajustés l'un à l'autre qu'ils travaillent ensemble presque avec la précision d'une montre ; il vaut la peine de connaître le merveilleux système sous l'égide duquel cette industrie américaine typique s'est épanouie et a porté ses fruits jusqu'à ce qu'elle emploie deux cents millions de dollars de capital et près de deux cent mille personnes, et produise deux cent cinquante millions de paires. de chaussures par an ; et pourquoi l'homme moyen que vous rencontrez aujourd'hui a-t-il des chaussures mieux ajustées, mieux portées et plus belles que l'homme riche d'hier - pour une fraction du prix.

Cette croissance remarquable est typiquement américaine. Aux États-Unis, la tendance parmi la classe artisanale a été d'abandonner le lent processus manuel. Cette tendance a été aussi forte que la tendance européenne à y adhérer. De plus, il s'est développé parmi les classes laborieuses aux États-Unis une mobilité telle qu'on n'en connaît nulle part ailleurs dans le monde.

Un autre avantage qui a contribué au développement rapide de la fabrication de chaussures aux États-Unis est l'absence relative d'idées héritées et trop conservatrices. Ce pays a entrepris son développement industriel sans entraves par l'ancien ordre de choses et avec une tendance de la part de la population à rechercher la manière la meilleure et la plus rapide d'accomplir chaque objectif.

Salle de couture d'une usine de chaussures allemande.

Dans tous les pays européens où la fabrication de chaussures est une industrie importante, la transition du système domestique au système industriel a été entravée par les corporations, les restrictions nationales et locales élaborées et par la réticence nationale avec laquelle un peuple habitué depuis des générations à les méthodes de travail fixes, dans lesquelles ils ont acquis un grand degré de compétence, abandonnent ces méthodes pour en adopter de nouvelles. Il était également naturel qu'en dépit des avantages supérieurs des méthodes mécaniques, les procédés de fabrication manuels perdurent à leurs côtés dans les pays européens, même si le travail mécanique avait depuis longtemps usurpé tout le domaine de l'industrie de la chaussure. les États Unis.

Lorsqu'un Américain se promène parmi les usines de chaussures européennes, il est très surpris de la situation. Il est frappé par trois choses très frappantes. Ce sont : (1) Le manque d'utilisation de machines, le manque de toutes sortes de dispositifs permettant d'économiser le travail manuel, si largement pratiqué aux États-Unis. (2) Absence de division du travail, une usine essayant de fabriquer quatre ou cinq sortes de chaussures. (3) Manque de méthodes employées pour manipuler de grandes quantités de matériaux.

Un point qui est négligé lorsqu'on considère les industries de la chaussure des deux pays est la grande différence d'organisation. Dans la plupart des usines européennes, le fabricant reçoit toutes les commandes de différentes natures, puis tente de fabriquer une ou deux lignes avec une ou deux qualités dans la même usine. En Suisse, on trouve des chaussures et des pantoufles pour hommes, femmes et enfants fabriquées sous le même toit.

Aux États-Unis, le fabricant fabrique une certaine ligne de chaussures dans une seule usine et aucune autre. S'il possède plus d'une ligne, il possède plus d'une usine, et chaque usine produit une chaussure distincte dans un but distinct. Le fabricant a ses vendeurs pour vendre ces chaussures.

Les avantages du système américain sont les suivants : (1) Les directeurs et les ouvriers d'une usine produisant une certaine ligne de produits deviennent hautement spécialisés dans cette ligne et peuvent produire de meilleurs résultats que les ouvriers d'une usine essayant de fabriquer deux ou trois lignes. des marchandises. (2) Une grande usine de chaussures est généralement conçue pour effectuer un certain type de travail et elle change rarement. Cette pratique permet une plus grande production. D'un autre côté , nous avons quelque chose à apprendre de l'organisation européenne. Les constructeurs américains doivent répondre au commerce extérieur. Pour ce faire, le fabricant doit tenir compte des us et coutumes et des conditions climatiques. C'est ce que fait le constructeur européen.

www.ingramcontent.com/pod-product-compliance
Lightning Source LLC
LaVergne TN
LVHW042153190726
843493LV00006B/1648